分散式风电

主动支撑电网

技术与案例

沈阳武　梁利清 • 主编

中国电力出版社
CHINA ELECTRIC POWER PRESS

内 容 提 要

“十三五”期间中东部和南方分散式风电经历了迅猛发展阶段。目前，常规的分散式风电控制未体现常规电力系统固有的惯性及调频调压控制特性，因而无法主动对电网调控进行支撑。随着分散式风电并网规模的日益增加，地区电网稳定性问题愈发突出，分散式风电主动支撑电网频率、电压和稳定性调控等实用化技术得到广泛关注和重视。

本书共分6章，分别介绍了分散式风电发展现状和风电对电网电压和频率的影响；分散式风电场电压调控能力提升技术及案例；分散式风电支撑电网电压实用化技术及案例；分散式风电支撑电网频率的实用化技术及案例；分散式风电提升电网功率稳定性的实用化技术及案例和提升分散式风电支撑电网能力的储能技术及案例。

本书具有重要的工程指导和参考价值，可供风电并网与控制领域的工程技术人员与研究人员参考和借鉴，也可作为高等院校电气工程专业研究生的教学参考书。

图书在版编目（CIP）数据

分散式风电主动支撑电网技术与案例/沈阳武，梁利清主编．—北京：中国电力出版社，2020.12
ISBN 978-7-5198-5042-5

Ⅰ.①分… Ⅱ.①沈…②梁… Ⅲ.①风力发电系统—电网—研究 Ⅳ.①TM7

中国版本图书馆CIP数据核字（2020）第190737号

出版发行：中国电力出版社
地　　址：北京市东城区北京站西街19号（邮政编码100005）
网　　址：http://www.cepp.sgcc.com.cn
责任编辑：娄雪芳（010－63412375）
责任校对：黄　蓓　马　宁
装帧设计：王红柳
责任印制：吴　迪

印　　刷：北京天宇星印刷厂
版　　次：2020年12月第一版
印　　次：2020年12月北京第一次印刷
开　　本：787毫米×1092毫米　16开本
印　　张：8
字　　数：184千字
印　　数：0001—1000册
定　　价：48.00元

编 委 会

组　　编　国网湖南省电力有限公司电力科学研究院

主　　编　沈阳武　梁利清

副 主 编　沈非凡　杨洪明　左　剑　陈　浩

编写成员　徐　岩　王　玎　崔　挺　徐　民　柳永妍　张　坤

向　萌　曹　伟　胡斌奇　吴晋波　呙　虎　乔海祥

胡　臻　邓小亮　宁志毫　王　灿　陈道君　张宇舟

郭思源　孙杰懿

前　言

大力发展风电是构建我国清洁低碳、安全高效能源体系的重要战略举措。近年来，我国中东部和南部地区内陆分散式风电得到了迅猛发展，新型高比例新能源电力系统形态已基本形成，电网呈现出弱惯性、低抗扰、弱频率/弱电压支撑特性，电网稳定性问题愈发严峻，风电消纳瓶颈日益突出，给电网调度运行带来了新的挑战。因此，分散式风电主动支撑地区电网调控等实用化技术得到广泛关注和重视。

内陆分散式风电规模化接入末端地区电网，但是分散式风电发电控制并未体现常规电力系统固有的惯性特性，所接电网的动态行为和稳定机理发生显著变化。一方面，内陆分散式风电缺乏响应电力系统电压和频率的调压/调频特性，导致其难以向地区电网提供调压和调频支撑，极大地限制了高比例风电接入地区电网的调节与抗扰动能力。另一方面，规模化分散式风电并网降低了地区电网的惯性和阻尼，电网新型宽频振荡问题逐渐显现，电网低频和次同步震荡问题日益发生。

本书团队长期开展内陆分散式风电主动支撑电网调控技术和工程化应用研究工作，取得了一系列工程实践经验和研究成果。本书介绍的实用化技术和应用实例将为分散式风电并网和管理提供借鉴和参考，有助于推动分散式风电主动支撑电网实用化技术普及。

本书共分 6 章，第 1 章介绍了分散式风电发展现状和风电对电网电压和频率的影响；第 2 章介绍了分散式风电场电压调控能力提升技术及案例；第 3 章介绍了分散式风电支撑电网电压实用化技术及案例；第 4 章介绍了分散式风电支撑电网频率的实用化技术及案例；第 5 章介绍了分散式风电提升电网功率稳定性的实用化技术及案例；第 6 章介绍了提升分散式风电支撑电网能力的储能技术及案例。

本书由沈阳武博士担任主编；梁利清高级工程师、沈非凡博士，王玎博士、邓翔天博士担任副主编；徐岩博士、左剑博士、徐民高级工程师、杨洪明博士、柳永妍工程师、张可人高级工程师、崔挺博士、张坤博士、曹伟高级工程师、胡斌奇高级工程师、乔海祥高级师、吴晋波博士、张宇舟高级工程师、向萌高级工程师、胡臻博士、呙虎高级工程师、宁志豪博士、王灿博士、陈道君博士、郭思源博士和孙杰懿高级工程师参与编写。同时，本书研究工作得到了国网湖南省电力有限公司科研项目资助，在此表示感谢。此外，本书还参考了一些已公开发表的研究成果和网络资料，在此对这些成果涉及的作者和刊物一并表示致谢。

限于编者水平，书中若有疏漏之处，诚恳欢迎读者批评指正。

编者

2020 年 11 月

目 录

1 概　述

1.1　分散式风电发展概况

2018年4月3日，国家能源局印发的《分散式风电项目开发建设暂行管理办法》中明确指出分散式风电项目是指所产生电力可自用，也可上网且在配电系统平衡调节的风电项目。分散式风电项目位于用电负荷中心附近，不以大规模远距离输送电力为目的，所产生的电力就近接入电网，并在当地消纳。

分散式风电项目建设应满足以下技术要求。

(1) 接入电压等级应为110kV及以下，并在110kV及以下电压等级内消纳，不向110kV的上一级电压等级电网反送电。

(2) 35kV及以下电压等级接入的分散式风电项目，应充分利用电网现有变电站和配电系统设施，优先以T或TT接的方式接入电网。

(3) 110kV（东北地区66kV）电压等级接入的分散式风电项目只能有1个并网点，且总容量不应超过50MW。

(4) 在一个并网点接入的风电容量上限以不影响电网安全运行为前提，统筹考虑各电压等级的接入总容量。

分散式风电项目开发建设的相关政策文件已出台近8年，多年来没有形成规模化发展，究其本质原因还是集中式风电的开发建设对于投资方而言更容易出效果，工作成效更高。分散式风电项目虽然容量较小，然而开发建设工作的牵涉面丝毫不少于集中式风电，甚至在收资、协调等工作方面还更加烦琐。因此，除去政策条件、技术条件外，政府部门的导向起至关重要的作用。

国外在风电开发上不显著区分集中式和分散式，一般根据资源、电网、负荷条件等情况，确定风电场的开发规模，并接入合适的电压等级。例如，丹麦、德国等欧洲国家有一定比例的小规模开发的风电，接入配电网就地消纳，类似于我国的分散式风电开发；西班牙、美国等国由于风资源与负荷中心分布不均衡，小规模风电开发比例较低，多采用大规模风电场开发，通过输电网外送到负荷中心，类似于我国的集中式风电开发。

以下列举分析欧洲、美洲及亚洲典型国家分散式风电发展现状。

丹麦陆上风电目前累计并网4.0GW，主要并入配电网，其中，接入20kV或更低电压等级配电网的风电装机容量约占全国风电装机容量的86.7%，接入30～60kV电网的约占3.1%。丹麦大型近海风电场一般直接并入输电网（132～150kV），占全国风电装机总量的10.3%。丹麦小规模的风电场占比大主要有两方面原因，一是其风电起步较早（20世纪70年代），受当时技术限制，机组规模较小，所以一般就近接入配电网；另一个原因是丹麦早期的各种优惠政策鼓励个人联合投资开发，且在风电开发过程中注重风电机组对城市规划及自然景观的影响，因此，社区周围分散且规模较小的风电场较常见。

德国陆地风电场基本连接到 6～36kV 或 110kV 电压等级的配电网，以就地消纳为主。截至 2017 年，德国累计装机量达到 50GW，其中，分散式风电占比超过 90%。随着未来风电装机容量的扩大，将考虑并入较高的电压等级上，如德国未来海上风电场将接入 380/220kV 输电网。

据美国分布式风电协会（DWEA）统计，2015 年，美国分布式风电装机 1GW，预计到 2030 年，分布式风电装机将超过 30GW。其中，美国纽约州、爱荷华州、阿拉斯加州、明尼苏达州、加利福尼亚州、得克萨斯州和伊利诺伊州等是分布式风能开发最活跃的地区。目前，美国分布式风电平准化度电成本（LCOE）为每千瓦时 10～28 美分，预计可降至每千瓦时 4.6～11 美分。美国是分布式风电应用发展速度较快的国家之一，取得快速发展的主要因素包括：①分布式风力发电项目获得美国社会各界的大力支持；②美国承诺 2020 年温室气体排放量在 2005 年的基础上减少 17%，并预测 2030 年全美国所需电量的 20%将由风电提供；③分布式风力发电项目的规模多样，从 50kW 的小型机组到兆瓦级的大型并网型机组，以固定电价来满足不同种类用户的电力需求；④分布式风电场的开发流程简单，从风场评估到商业运行的周期较短；⑤分布式风电场可直接通过当地配电网实现电网接入。

目前，日本风电装机容量位列世界第 19 位，截至 2017 年 3 月，日本的风力发电总量约为 336 万 kW，其中少量为分散式风电。日本政府规划 2030 年，风电占比仅为 1.7%。虽然日本的风力发电量也在持续增加，但与其他主要国家相比，其占总发电量的比例依然较低，未来趋势并不特别乐观。其中，日本典型分散式风电项目有“东京风车”风电场，该项目位于东京都中央防波堤内侧填埋地内，于 2003 年启动，所发出的电全部出售给东京电力。

总的来说，分散式风电项目的市场，在国家层面政策条件的基本完善、各项技术条件适应性不断提高的形势下，正处在一个逐渐成长的时期，它会随着各个地方配套政策的具体化、简约化的发展越来越有市场吸引力。能源的分散式发展、就地消纳是电力能源供应的长期主题。

1.2 电网无功功率控制与电网自动电压控制系统

1.2.1 无功功率与电压的关系

电力系统中绝大多数设备的工作原理都是建立在电磁感应原理的基础上，设备在运行过程中进行能量转化并形成交变磁场，同时在相应周期内释放和吸收功率，从而实现功率平衡。

电能在经过纯电容或纯电感电路时不会消耗额外的电量，而这一过程中，交换功率并没有对外进行做功，这个交换的功率称为无功功率。无功功率在电网中的作用是十分重要的，它不仅能提升电网运行质量，还能提高设备稳定性，然而当无功功率不足时，电力设备就不能建立起正常运行的磁场，导致其运行受到严重的影响。

对电网元件而言，电压降落指的是元件首末端两点电压的相量差，网络元件的等值电路，如图 1-1 所示。

$$\dot{V}_1 - \dot{V}_2 = (R + \mathrm{j}X)\dot{I} \tag{1-1}$$

图 1-1 网络元件的等值电路

以相量 $\dot{V}_2$ 为参考轴，如果 $\dot{I}$ 和 $\cos\varphi$ 已知，可将电压降相量分解为与电压相量 $\dot{V}_2$ 同方向和相垂直的两个分量，分别为 ΔV_2 和 δV_2，可以得

$$\begin{aligned} \Delta V_2 &= RI\cos\varphi_2 + XI\sin\varphi_2 \\ \delta V_2 &= XI\cos\varphi_2 - RI\sin\varphi_2 \end{aligned} \tag{1-2}$$

将式（1-2）中功率代替电流，可将式改为

$$\begin{aligned} \Delta V_2 &= \frac{P''R + Q''X}{V_2} \\ \delta V_2 &= \frac{P''X - Q''R}{V_2} \end{aligned} \tag{1-3}$$

由电压降落的式（1-3）可见，元件两端的电压幅值差主要由电压降落的纵分量决定，电压的相角差则由横分量确定。高压输电线路的参数中，电抗要比电阻大很多，作为极端情况，考虑 $R=0$，可得

$$\begin{aligned} \Delta V &= QX/V \\ \delta V &= PX/V \end{aligned} \tag{1-4}$$

从式可看出，在纯电抗元件中，电压降落的纵分量是因传送无功功率产生，电压降落的横分量则是因传输有功功率产生。元件两端存在电压幅值差是传输无功功率的条件，存在电压相角差则是传输有功功率的条件。感性无功功率从电压较高的一端流向电压较低的一端，有功功率从电压相位超前的一端流向电压相位落后的一端。

1.2.2 电网自动电压控制系统

电网自动电压控制（AVC）是指对全网无功电压状态进行集中监视和分析计算，从全局的角度对广域分散的电网无功装置进行协调优化控制，它不仅可实现对无功电压的自动调节，而且具有一定的优化功能，是保持系统电压稳定、提升电网电压品质和整个系统经济运行水平、以及无功电压管理水平的重要技术手段。

AVC 在正常运行情况下，通过数据采集和监视控制系统实时采集电网运行数据，在确保电网安全运行的前提下，以经济性为目标、安全性为约束，根据状态估计结果、从全局角度进行电压无功优化，并根据控制指令，通过远程终端对发电机无功、有载调压变压器分接头、可投切无功补偿装置、静止无功补偿器（SVC）、静止无功发生器（SVG）等电压无功调节设备进行闭环调节，同时，通过电力调度数据通信网与上、下级电网进行无功协调控制，实现全网无功功率分层分区就地平衡、提高电压质量、降低网损等目的。

完整的 AVC 系统主要由主站和子站两部分组成。

对于省调而言，AVC 主站安装在调度控制中心，周期性的进行全网优化计算，得出相应的控制指令，并将控制指令下发到各 AVC 子站。AVC 子站安装在电厂和变电站，当其参与省调 AVC 主站的调节时，接收 AVC 主站下发的控制指令，并根据本厂站的实际情况，将指令分解到厂站内相应的无功设备，通过调节无功设备来响应AVC主站的指令。当其不参与省调AVC主站的调节时，即为就地运行状态，则跟踪运行方式部门事先设定的电压曲线，根据当前电压值与同时段电压曲线值的偏差，调节本厂站内的无功设备，使本厂站的电压值与相应时间段的电压曲线值吻合。

对于地调而言，此时也可看作是省调AVC主站的一个子站。通过设定省、地关口，选择合适的协调变量，进行省地电压无功协调控制，省调通过电力调度数据通信网向地调下发对各省地关口的无功功率需求，地调将当前关口的无功功率与省调要求的无功功率进行对比，并通过地调自身的AVC系统调节相应的无功设备，来补偿两者之间的无功功率偏差。

电力系统电压和无功功率控制的根本目的是提高电压质量、减小网损、保证系统运行的安全稳定裕度。AVC的作用就在于优化电网无功潮流分布，使电网趋于安全性和经济性最优的运行状态。AVC系统集经济性与安全性于一身，符合智能电网的发展趋势，实现了安全约束下的经济控制，减轻了调度人员的工作强度，是目前公认的电压和无功功率控制的最好形式。

1.2.3 电压稳定性

电力系统电压稳定性是指电力系统在额定运行和受外界干扰后电力系统中母线电压幅值都持续地保持在可接受范围内的能力，电压稳定分为小干扰电压稳定和大干扰电压稳定。小干扰电压稳定是指电力系统受注入负荷增加等小扰动后，系统所有母线维持原电压稳定的能力；大干扰电压稳定是指电力系统遭受大干扰（如系统故障、失去负荷、失去发电机或线路）后，系统不发生电压崩溃的能力，包括暂态稳定和中长期稳定。而运行着的电力系统在遭受干扰后的几秒或几分钟内，系统中一些母线电压可能经历大幅度、持续性的降低，从而使系统的完整性遭到破坏，功率不能正常的传输给负荷，该情况称为系统电压不稳定。

风电机组类型多样，不同种类的风机对电压稳定性的影响也存在很大的区别。其中，普通的异步电动机的恒速风电机组并网后对电网电压产生的影响最大，普通异步电动机的恒速风电机组本身不具有电压控制能力，而且稳态运行状态下需要消耗大量无功功率。另外，当系统意外发生故障，待故障解除后，电压要恢复到初始时，会消耗比之前更多的无功功率，系统电网会出现稳、暂态稳定性的问题。

1.3 分散式风电并网对地区电网电压的影响

传统的配电网从单一电源接收电能，潮流沿线路会不断减小。分散式风电的引入使配电网变为多电源结构，线路潮流和电压的变化情况较为复杂，配电网电压分布根据分散式风电接入点位置的不同、容量的不同而改变。

（1）当分散式风电接入配网的容量较小时，其仅仅改变了配网潮流的大小，配网潮流方向没有变化，因此主要对配网的电压分布产生影响，即配网沿馈线方向的压降有了一定的降低。

（2）当分散式风电注入的功率使得潮流逆向流动，但逆向潮流并未到达配网首端节点时，配网电压沿着辐射方向呈先降低后升高，再降低的变化规律。

（3）当分散式风电注入节点的功率分别从节点流向配网首端节点与配网末端节点，配网的节点电压沿辐射方向先升高再降低，在节点处达到最大值。

（4）当分散式风电接入点位于配网末端节点，且接入容量较大，使得有功功率沿线路反方向流动到配网首段线路时，配网节点电压沿辐射方向一直升高。这种情况下，由于分散式风电通过低压配网线路将风电送到配网节点首段，因此网络损耗比较严重，且配网末端节点容易越上限，因此分散式风电处于配网末端时，其接入容量不宜太大。

分散式风力发电的发展为风电的消纳问题提供了很好的解决途径，避免了远距离输电造成的电能损耗，而且对电网输电线路的潮流压力起到了很好的缓解作用，提高了传统电网的运行经济性和稳定性。但是随着其在配电网中渗透率的提高，由于配电网自身网架结构相对薄弱，分散式风电的接入也面临新的挑战。

（1）风速的随机性和波动性使风电机组有功功率频繁发生变化，从而引起电压波动和闪变等电能质量问题，给配电网的稳定运行及设备的使用带来影响。

（2）传统配电网一般从单一电源接收电能，分散式风电的接入使配电网变为多电源结构，改变了原有的电压分布特性，因此，传统的电压控制方式不再适用，而且集中安装新的无功补偿设备存在较大困难，这无疑提高了对风电机组的无功调节能力和电压控制能力的要求。

（3）分散式风电的接入点和接入容量都非常灵活，这就使潮流的大小和方向均会发生较难预计的变化，对电力系统的继电保护、调度运行都会带来较大的影响。因此，系统需要采取有效的控制措施，否则分散式风电会使配电网运行环境进一步恶化。

在上述分散式风电面临的问题中，无功电压控制困难的问题尤为严重。分散式风电接入会引起电网电压波动，输出功率的波动是其根本原因。分散式风电并网示意，如图 1-2 所示。

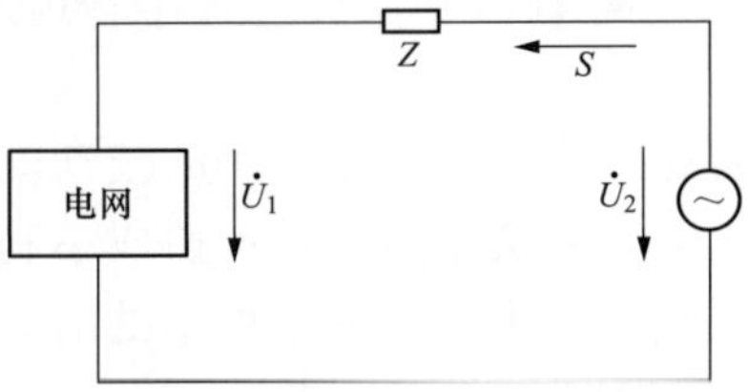

图 1-2　分散式风电并网示意

$\dot{U}_1$—电网电压；$\dot{U}_2$—分散式风电机组的端口电压；Z—线路阻抗；S—机组向电网输入的功率

根据图 1-2 有

$$Z = R + \mathrm{j}X \tag{1-5}$$

$$S = P + \mathrm{j}Q \tag{1-6}$$

$$\dot{U}_2 = \dot{U}_1 + \left(\frac{S}{\dot{U}_2}\right) \times Z \tag{1-7}$$

即

$$\dot{U}_2 = \dot{U}_1 + \frac{PR + QX}{U_1} + \mathrm{j}\,\frac{PX - QR}{U_1} \tag{1-8}$$

忽略式（1-8）中的横分量，则电压损失为

$$\Delta U = \frac{PR + QX}{U_1} \tag{1-9}$$

配电网电压等级较低，传输线路的参数与中高压线路参数相比电阻值较大，不可忽略。根据式 1-9 可知，分散式风电机组有功功率变化会使配电网潮流、电压频繁发生变化，而通过调节风电机组无功功率可抑制电压偏差或电压波动。

当分散式风电接入容量较小时，其接入有利于配电网的静态电压稳定，提高了配电网系统的临界功率，这是由于分散式风电的接入为配电网负荷提供了有功功率支撑，从而减小了主网到配电网馈线末端的功率传送容量。但是随着分散式风电接入容量的增加，配电网静态电压稳定裕度会变差，这是由于分散式风电接入容量增加到一定程度时，会引起配电网的潮流倒送，造成系统馈线无功损耗加重，加重了系统损耗。

虽然风电接入为配电网电压调节提供一种调节手段，但在分散式风电选址和定容时，需要考虑风电自身的不稳定性及配电网等故障因素。分散式风电多点接入配电网后，如果不能对配电网的无功和电压进行有效的控制，将有可能导致风电机组因配电网线路高电压越限而切机，造成配电网的安全恶化。

分散式风电场经过各自升压站汇集后，就近接入附近的配电网。由于输电距离近，故线路阻抗可以忽略。因此，分散式风电接入配电网后，对各个接入点及配电网的电压影响非常明显。分散式风电出力伴随风能不断变化，风力发电机组能够实现有功、无功解耦控制，这种情况下，风速变化不会给配电网电压造成严重影响；配电网出现短路故障后，低电压穿越过程中，双馈式风电机组将投切撬棒保护，故障解除时，风电机组必须吸收无功励磁，导致配电网母线电压恢复期间出现二次跌落，暂态电压也将面临全新问题。

1.4 分散式风电并网对地区电网频率的影响

频率是衡量电能质量的重要指标之一。频率较小的波动就可能会降低用电设备的效率且使其工作异常，当频率波动较大时，将会给电力系统造成不利影响，甚至会发生频率稳定破坏性事故。电力系统有功功率平衡是电力系统频率稳定的前提，当系统遇到扰动时，如短路故障、跳机、联络线开断、系统解列等，往往导致系统总的发电功率与总的负荷功率存在不平衡。若总的发电功率超出总的负荷功率，系统频率会升高；反之，若总的发电功率小于总的负荷功率，系统频率会下降。根据频率波动的不同以及系统当时的运行状况，通常采取调节发电机有功功率，甚至切机、切负荷等相应措施保证电网的频率安全；频率控制对于电力系统的稳定运行与安全是必不可少的。

电力系统是个实时动态平衡系统，发电、输电、用电必须时刻保持平衡。常规电源功率可调、可控，用电负荷的预测精度已经很高，在没有风电的情况下电网频率完全可控。风电功率具有波动性和间歇性，并且很难精确预测，随着大量分散式风电接入系统，风电的随机性和不可控性给电力系统频率带来了诸多影响。英国电网“8.9”事件发生由于风电机组脱网事故，导致电网的频率快速下降，最终引起大规模的停电事故，造成 100 万人受到停电的影响。随着新能源出力的增加，电网中同步机组开机减少，由于同步机惯量的减少和输电通道被挤占后等效联系阻抗增加，两者均对暂态稳定产生不利的影响，功角水平必将下降，而且由于开机数量的减少，也减弱了同步机的电压支撑能力和电网频率调节能力，导致整个电网的转动惯量进一步减少。整个系统的惯量很大程度影响到频率变化率和频率最低点，频率变化率大导致电能质量变差，造成敏感负荷和发电机的跳闸，进而将对频率的下降造成更大的影响。

1.5 小　结

本章介绍了分散式风电的定义、发展分散式风电意义，以及国内外发展分散式风电的现状。同时，对目前应用较广的电力系统自动电压控制系统进行了简要介绍，并指出电压稳定性在电网中的重要性。最后，对分散式风电并网对地区电网电压和频率的影响展开了简要论述。

2 分散式风电场电压调控能力提升技术及案例

随着风电并网容量的增加，风电随机性和间歇性对电网电压稳定性影响日益显著。由于内陆分散式风电场主要位于远离负荷中心的地区，并网点短路容量小，电网稳定性较薄弱。目前国内外风电并网技术规范普遍要求风电场发挥其无功功率调节能力，主动支撑所接入电网的电压调控。

2.1 分散式风电建模及其无功电压控制

2.1.1 双馈风力发电系统建模及其无功电压控制特性

1. 双馈风电机组系统建模

双馈风电机组并网系统结构，如图 2-1 所示。其运行基本原理为异步电机定子侧直接与电网相连，电机转子通过两个背靠背变流器与电网相连，通过控制转子电流频率达到异步电机同步控制的目的。假设双馈风力发电机的定子绕组和转子绕组均为三相对称绕组，当对定子三相绕组施加对称三相电压时，会在电机绕组中产生相应次的电流。

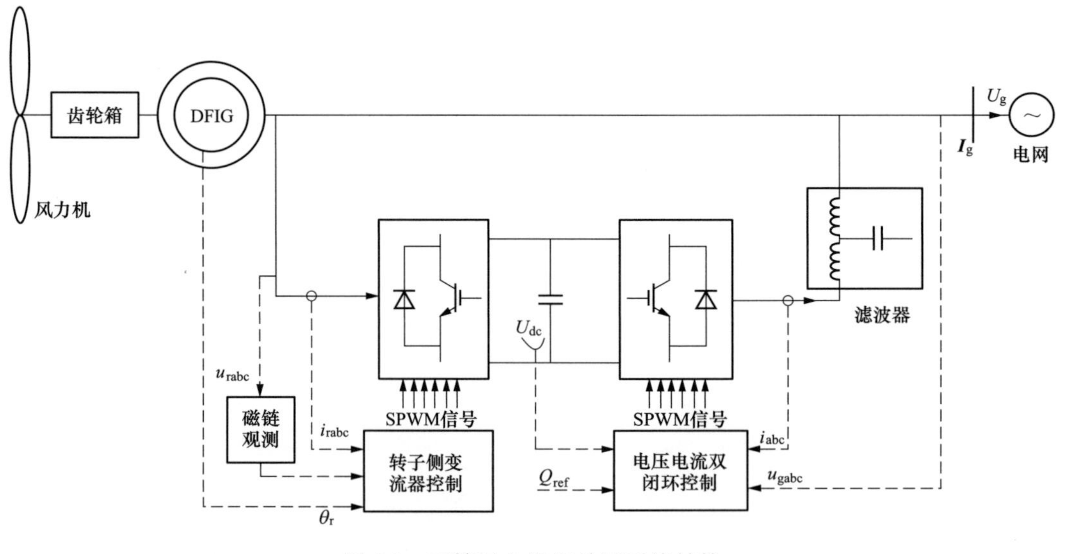

图 2-1 双馈风电机组并网系统结构

由电磁场理论可知，此时会在电机的气隙中形成旋转磁场，其转速 n_1（又称同步转

速)、电机的极对数 p 与电网频率 f_1 的关系可表示为

$$n_1=\frac{60f_1}{p} \tag{2-1}$$

类似地，在转子对称三相绕组上施以频率为 f_2 的标准电压，也会产生旋转磁场，其旋转速度 n_2（相对转子的旋转速度）为

$$n_2=\frac{60f_2}{p} \tag{2-2}$$

由式可知，频率 f_2 与相对转速 n_2 有直接的对应关系，设同步转速 n_1 为电网所对应的双馈风力发电机的同步转速，n 为转子转速，若三者之间满足

$$n\pm n_2=n_1 \tag{2-3}$$

则双馈电机的定子绕组感应电动势将保持在频率 f_1 不变，从而便于并入电网。定义双馈电机的转差率 $s=(n_1-n)/n_1$，可得转子三相对称绕组的电流频率为

$$f_2=\frac{pn_2}{60}=f_1s \tag{2-4}$$

通过对双馈电机转子电流频率的控制可控制电机转速，保证定子侧输出电流的频率恒定，即满足

$$pf_r\pm f_2=f_1 \tag{2-5}$$

双馈电机转子转速会因风速的变化而变化，从而导致其有三种不同的运行状态：亚同步运行（$n<n_1$）；超同步运行（$n>n_1$）；同步运行（$n=n_1$）。

下面介绍异步电机建模。在三相静止 ABC 坐标系中，双馈风电机组定子绕组和转子绕组之间的磁场会产生强耦合。为方便控制，通常在两相旋转坐标系下对电机模型进行解耦合，得到两相旋转坐标系下双馈异步发电机数学模型。坐标系中转子旋转的正方向规定为坐标系旋转正方向，定子侧和转子侧旋转方向按照电动机正的方向为基准。正值电流产生正的磁链。方程中的电压、电流、磁链、电阻、电感、有功功率、无功功率和电磁转矩分别用 u、i、ψ、R、L、P、Q、T_e 表示，用下标 s、r、d、q 分别表示定子量、转子量和 dq 轴分量。dq 坐标系示意，如图 2-2 所示。

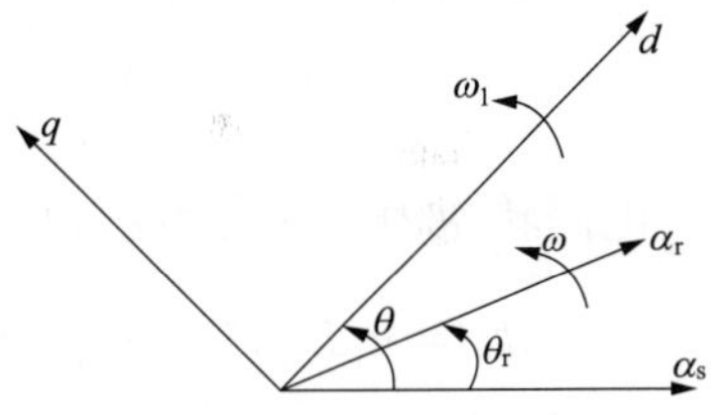

图 2-2　dq 坐标系示意

（1）电压方程。

$$\begin{bmatrix}u_{sd}\\u_{sq}\\u_{rd}\\u_{rq}\end{bmatrix}=\begin{bmatrix}R_s&0&0&0\\0&R_s&0&0\\0&0&R_r&0\\0&0&0&R_r\end{bmatrix}\begin{bmatrix}i_{sd}\\i_{sq}\\i_{rd}\\i_{rq}\end{bmatrix}+\begin{bmatrix}L_sp&0&L_mp&0\\0&L_sp&0&L_mp\\L_mp&0&L_rp&0\\0&L_mp&0&L_rp\end{bmatrix}\begin{bmatrix}\psi_{sd}\\\psi_{sq}\\\psi_{rd}\\\psi_{rq}\end{bmatrix}+\begin{bmatrix}0&-\omega_1&0&0\\\omega_1&0&0&0\\0&0&0&-(\omega_1-\omega)\\0&0&\omega_1-\omega&0\end{bmatrix}\begin{bmatrix}\psi_{sd}\\\psi_{sq}\\\psi_{rd}\\\psi_{rq}\end{bmatrix} \tag{2-6}$$

如图 2-2 所示，$\frac{d\theta}{dt}=\omega_1$，$\frac{d(\theta-\theta_r)}{dt}=\omega_1-\omega$ 。θ 为 d 轴与定子 α_s 轴之间的夹角。由于转子绕组本身是以角速度 ω 旋转的，对转子量进行变换时应以角速度差 $\theta-\theta_r$ 代替对定子量进行变换时的角 θ。

（2）磁链方程。

$$\begin{bmatrix}\psi_{sd}\\ \psi_{sq}\\ \psi_{rd}\\ \psi_{rq}\end{bmatrix}=\begin{bmatrix}L_s & 0 & L_m & 0\\ 0 & L_s & 0 & L_m\\ L_m & 0 & L_r & 0\\ 0 & L_m & 0 & L_r\end{bmatrix}\begin{bmatrix}i_{sd}\\ i_{sq}\\ i_{rd}\\ i_{rq}\end{bmatrix} \tag{2-7}$$

$$L_m=\frac{3}{2}L_{ms}$$

$$L_s=L_{ls}+\frac{3}{2}L_{ms}$$

$$L_r=L_{lr}+\frac{3}{2}L_{mr}$$

式中：L_m 为 dq 旋转坐标系下定转子绕组之间所产生的互感；L_{ms} 为定子每相绕组交链所产生的互感；L_s 为 dq 旋转坐标系下定子绕组的等效自感；L_{ls} 为定子绕组各相漏感；L_r 为 dq 旋转坐标系下转子绕组的等效自感；L_{lr} 为转子绕组各相漏感。

（3）运动方程。电磁转矩方程在 dq 同步旋转坐标系下的方程为

$$T_e=T_L+J\frac{d\omega_m}{dt} \tag{2-8}$$

电磁转矩表达式可表示为

$$\begin{aligned}T_e&=n_pL_m(i_{sq}+i_{rd})=n_p\frac{L_m}{L_s}(\psi_{sq}i_{rd}-\psi_{sd}i_{rq})=n_p\frac{L_m}{L_r}(\psi_{sq}i_{rd}-\psi_{sd}i_{rq})\\&=n_p(\psi_{sd}i_{rq}-\psi_{sq}i_{rd})=n_p(\psi_{rq}i_{rd}-\psi_{rd}i_{rq})=n_p\frac{L_m}{\sigma L_sL_r}(\psi_{sq}i_{rd}-\psi_{sd}i_{rq})\end{aligned} \tag{2-9}$$

$$\sigma=1-\frac{L_m^2}{L_sL_r}$$

式中：σ 为漏磁系数。

（4）功率方程。定义在 dq 同步旋转坐标系下定转子电压矢量方程、电流矢量方程和磁链矢量方程分别为

$$电压矢量：\begin{cases}\bar{U}_s=u_{sd}+ju_{sq}\\ \bar{U}_r=u_{rd}+ju_{rq}\end{cases}$$

$$电流矢量：\begin{cases}\bar{I}_s=i_{sd}+ji_{sq}\\ \bar{I}_r=i_{rd}+ji_{rq}\\ \bar{I}_m=i_{md}+ji_{mq}\end{cases}$$

磁链矢量：$\begin{cases}\bar{\psi}_{s}=\psi_{sd}+j\psi_{sq}\\ \bar{\psi}_{r}=\psi_{rd}+j\psi_{rq}\end{cases}$

发电机定子侧的有功功率和无功功率分别为

$$\begin{cases}P_1=\mathrm{Re}(\bar{U}_s\cdot\bar{I}_s^*)=u_{sd}i_{sd}+u_{sq}i_{sq}\\ Q_1=\mathrm{Im}(\bar{U}_s\cdot\bar{I}_s^*)=u_{sq}i_{sd}-u_{sd}i_{sq}\end{cases}$$

发电机转子侧的有功功率和无功功率分别为

$$\begin{cases}P_2=\mathrm{Re}(\bar{U}_r\cdot\bar{I}_r^*)=u_{rd}i_{rd}+u_{rq}i_{rq}\\ Q_2=\mathrm{Im}(\bar{U}_r\cdot\bar{I}_r^*)=u_{rq}i_{rd}-u_{rd}i_{rq}\end{cases}$$

2. 双馈风电机组无功调节原理

（1）转子侧变流器控制策略。对于双馈风电机组转子侧变流器控制，可以选择的定向矢量有定子绕组上的电压 U_s、转子绕组的电压 U_r、定子绕组的电流 I_s、转子绕组的电流 I_r、定子磁链 ψ_s、转子磁链 ψ_r，等等。选择不同的定向矢量，所得到的控制结构和控制性能也不相同。此处采用的是以定子磁链为定向矢量的控制方式，并利用同步旋转 dq 坐标系下双馈电机动态数学模型实现电机转矩分量和励磁分量的解耦。

当采用电机定子磁链定向前馈解耦控制时，转子电压方程为

$$\begin{cases}u_{rd}=R_r i_{rd}+\sigma L_r p i_{rd}-(\omega_1-\omega_r)\sigma L_r i_{rq}\\ u_{rq}=R_r i_{rq}+\sigma L_r p i_{rq}+(\omega_1-\omega_r)\dfrac{L_m}{L_s}\psi_s+(\omega_1-\omega_r)\sigma L_r i_{rd}\end{cases} \tag{2-10}$$

由式可看出，转子侧 dq 轴电流存在耦合，当电流调节器采用 PI 调节器时，u_{rd}、u_{rq} 的控制方程为

$$\begin{cases}u_{rd}=-\left(k_p+\dfrac{k_i}{s}\right)(i_{rd}^*-i_{rd}+\Delta u_{rd})\\ u_{rq}=-\left(k_p+\dfrac{k_i}{s}\right)(i_{rq}^*-i_{rq}+\Delta u_{rq})\\ \Delta u_{rd}=-(\omega_1-\omega_r)\sigma L_r i_{rq}\\ \Delta u_{rq}=(\omega_1-\omega_r)\dfrac{L_m}{L_s}\psi_s+(\omega_1-\omega_r)\sigma L_r i_{rq}\end{cases} \tag{2-11}$$

式中：k_p、k_i为电流内环比例调节器增益和积分调节器增益；i_{rd}^*、i_{rq}^*为转子电流 dq 分量的给定值；Δu_{rd}、Δu_{rq}为变流器三相全控桥前端交流侧电压 dq 分量前馈补偿值。

采用定子磁链定向前馈解耦控制系统，如图 2-3 所示。图 2-3 中，转子电流控制环由 i_{rd}、i_{rq}两个元素组成，均采用 PI 调节器，电流误差量经 PI 调节器后得到输出电压值；然后增加前馈补偿 Δu_{rd}、Δu_{rq}，即可得到 dq 旋转坐标系中的转子电压值，最后经过派克变换得到三相坐标系下电压参考值，并作为 SPWM 的输入对转子侧变流器进行调制。外环为转速控制环，发电机转速理想参考值和实际转速的检测值作比较后的差值送入 PI 控制器中，从而得到转子励磁电流的给定值 i_{rd}^*。

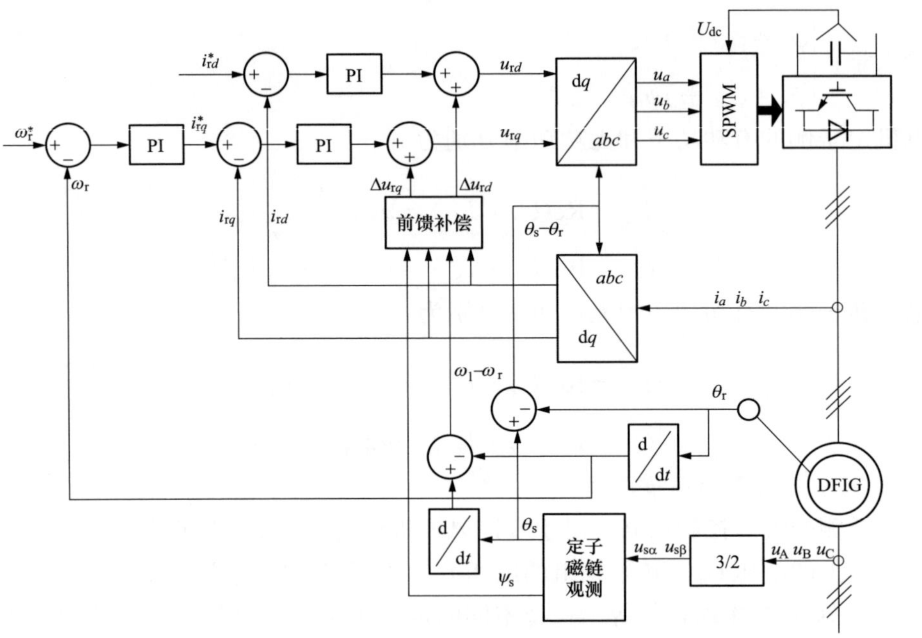

图 2-3 双馈电机定子磁链定向矢量控制系统

(2) 电网侧变流器控制策略。并网逆变器模型结构，如图 2-4 所示。图 2-4 中，左侧为风电机组等新能源发电单元的等效电源，逆变器直流侧在控制作用下保持稳压电容 C_{dc} 上的电压恒定，为逆变环节提供稳定的直流电压。逆变器控制主要对基波电压、电流起作用，基波频率下滤波器上的电容（容值很小）可以不考虑，因此，在逆变器建模过程中只考虑滤波器上的电感及其等效电阻。

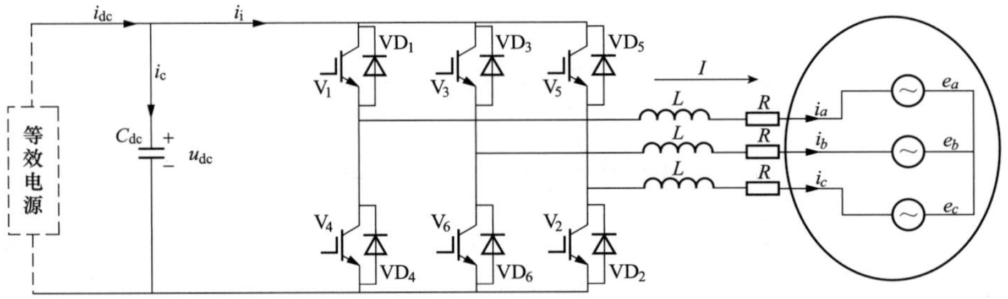

图 2-4 并网逆变器模型结构

网侧逆变器通常采用电压-电流双闭环控制，其中，电压外环起到稳定变流器直流侧电压作用，电流环响应速度通常比电压外环快得多，能够实现变流器输出电流快速跟踪。

若将旋转坐标系的旋转角 θ 的零点定位于电网电压 A 相峰值点处，使同步旋转坐标系 d 轴与电网电压矢量重合，此时同步旋转坐标系就会与电网电压矢量同步旋转，称其为基于电网电压定向的同步旋转坐标系。在这样的同步旋转坐标系中，电流矢量控制系统，如图 2-5 所示。从图中可知，在基于电网电压定向同步旋转坐标系中，电网电压 d 轴分量 $e_d=|E|$，q 轴分量 $e_q=0$。根据瞬时功率理论，再考虑到 $e_q=0$，系统瞬时有功、无功功率可表示为

$$\begin{cases} p = \dfrac{3}{2} e_d i_d \\ q = \dfrac{3}{2} e_d i_q \end{cases} \tag{2-12}$$

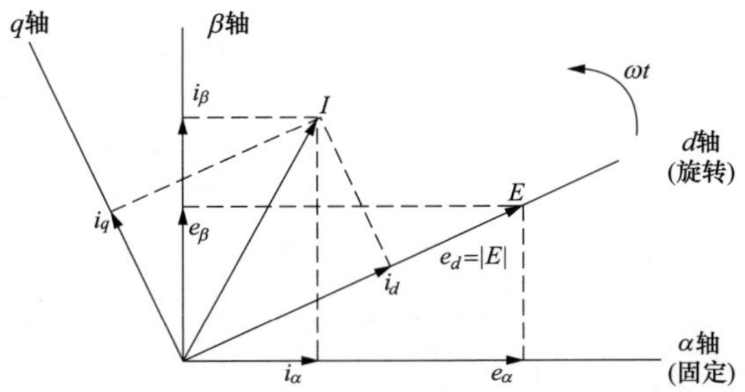

图 2-5 基于电网电压定向同步旋转坐标系下电流矢量控制系统

在稳态时可不用考虑电网波动，则电网电压的 d 轴分量 e_d 为定值。由式知，并网逆变器输出瞬时的有功功率 p 与其输出的 d 轴电流分量 i_d 有关，无功功率 q 仅与其输出的 q 轴电流分量 i_q 有关。因此，可通过控制 i_d 和 i_q 来分别控制并网逆变器输出有功功率和无功功率。

变换到同步旋转 dq 坐标系下的逆变器数学模型在 d、q 轴间存在耦合，通常采用电流前馈解耦控制，同时，引入电网电压前馈控制用以补偿实际运行中可能出现的电网电压波动对控制系统的影响。这里电流调节器采用 PI 调节器，可得 u_d、u_q 的控制方程为

$$\begin{cases} u_d = \left(k_p + \dfrac{k_i}{s}\right)(i_d^* - i_d) + e_d - \omega L i_q \\ u_q = \left(k_p + \dfrac{k_i}{s}\right)(i_q^* - i_q) + e_q + \omega L i_d \end{cases} \tag{2-13}$$

式中：k_p、k_i 为 PI 调节器的比例调节增益和积分调节增益；i_d^*、i_q^* 为 i_d、i_q 的指令值。电流解耦控制原理，如图 2-6 所示。

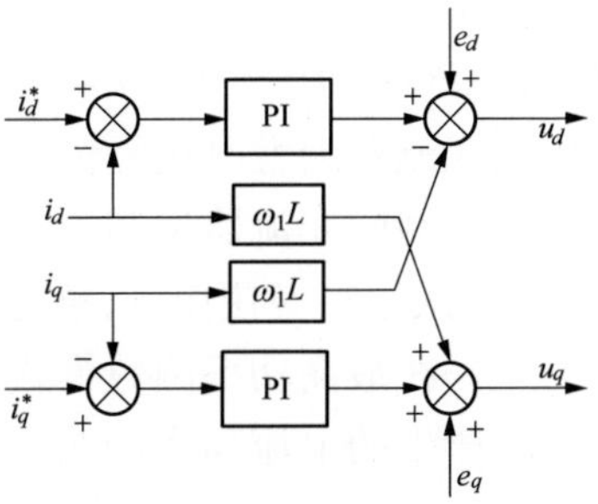

图 2-6 电流解耦控制原理

基于电网电压定向双闭环控制系统示意，如图 2-7 所示。该控制系统由电流内环和直流电压外环组成。电压外环起稳定或调节并网逆变器直流侧电压 u_{dc} 的作用，电流内环起对有功、无功电流跟踪控制的作用，从而实现对并网逆变器输出有功功率和无功功率的控制。通常，光伏发电并网系统只向电网输送有功功率，即令 $i_q^*=0$，使逆变器运行在单位功率因数状态下。

图 2-7 所示的双闭环控制过程中需要采集的电压、电流信号包括逆变器直流侧的电压信号 u_{dc}、从电网侧采样得到电网三相电压信号 e_a、e_b、e_c 和逆变器输出的三相电流信号 i_a、i_b、i_c。图中用于 $\alpha\beta/dq$、$dq/\alpha\beta$ 坐标变换的 γ 相角检测环节是利用锁相环（PLL）技术实现的。双闭环控制过程具体描述如下：引入逆变器直流侧电压反馈信号 u_{dc}，并通过一个 PI 调节器实现调节直流侧电压的闭环控制，其 PI 调节器的输出作为有功电流内环的指令值 i_d^*；逆变器输出的三相电流值 i_a、i_b、i_c 经 $abc/\alpha\beta/dq$ 坐标变换后得到 i_d、i_q，并与电流内

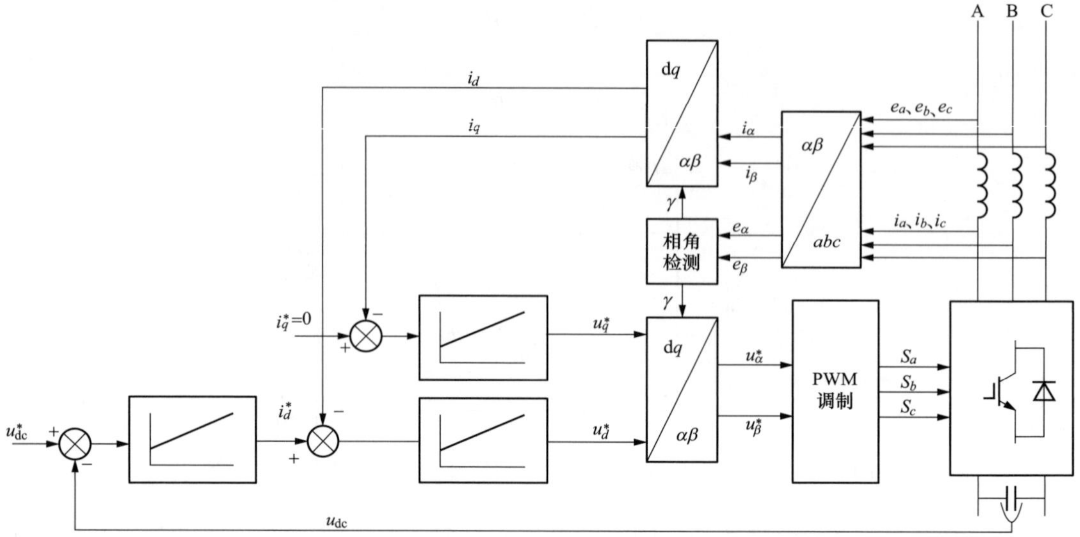

图 2-7　基于电网电压定向双闭环控制系统示意

环的指令值 i_d^*、i_q^*（通常给定 i_q^* 为 0）作比较，得出的差值先经过 PI 调节器调节输出，再通过前馈解耦控制环节（前馈解耦环节未在图 2-6 中体现出来）得到电压指令信号 u_d^*、u_q^*，指令信号 u_d^*、u_q^* 经过 $dq/\alpha\beta$ 逆变换后即可通过 PWM 控制得到并网逆变器开关管驱动信号 S_a、S_b、S_c，从而实现对并网逆变器的控制。

2.1.2　直驱风力发电系统建模及其无功电压控制特性

1. 直驱风电机组系统建模

直驱风电机组并网发电系统结构，如图 2-8 所示。整个风力发电系统包括永磁同步发电机（PMSG）、机侧变流器、网侧变流器、滤波器、直流侧大电容和电流互感器等。通过控制机侧变流器为发电机提供最适工作转矩，使发电机能在不同风速条件下工作在最大功率点附近。在网侧变流器控制中，采用锁相环（PLL）算法求取电网电压相角为逆变器并网控制提供相角依据，利用电压稳定控制来保证直流侧电压能稳定在给定值，而功率因数控制使逆变器工作在最高功率因数模式下，滤波器的作用是降低由脉宽调制模块（PWM）高频开关工作时产生的电流高次谐波。

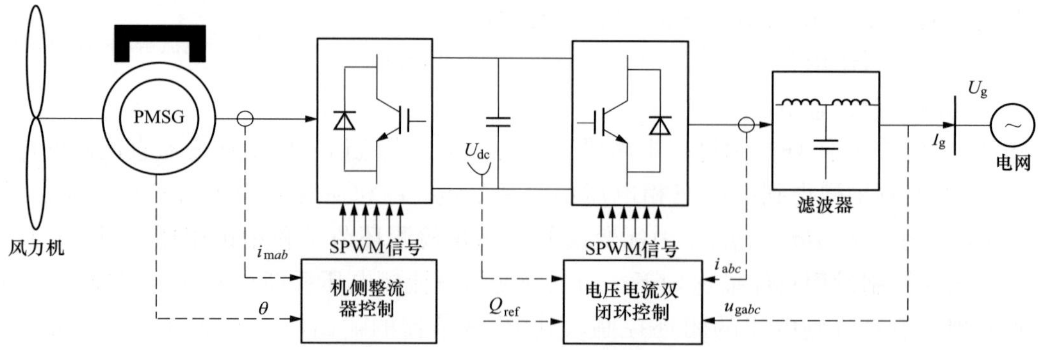

图 2-8　直驱风电机组并网发电系统结构

风力机建模。流动的风具有的动能 E_k 为

$$E_k = \frac{1}{2}\pi\rho R^2 v^3 \tag{2-14}$$

式中：ρ 为空气平均密度；R 为风机叶片半径；v 为风速。

风力机最大输出功率 P_{max} 为

$$P_{max} = C_{pmax}E_k = \frac{1}{2}C_{pmax}\pi\rho R^2 v^3 \tag{2-15}$$

式中：C_{pmax} 为风能最大利用系数，与最优叶尖速比 λ_{opt} 成正比。

$$\lambda_{opt} = \frac{\omega R}{\nu} \tag{2-16}$$

对于一台特定的直驱风电机组，C_{pmax} 为定值，桨距角 β 为 0 时的 λ_{opt} 为定值。因此，为达到最大风功率跟踪的目标，需根据风速的变化对转速进行相应的调节，保持叶尖速比恒定最优。

传动机构是风力机连接发电机的部件。基于单质块模型的直驱风电机组传动机构动态方程为

$$T_m - T_e = J\frac{d\omega}{dt} - B\omega \tag{2-17}$$

式中：ω 为永磁同步发电机的转速，与风电机组的转速相等；T_m 和 T_e 分别为发电机的电磁转矩和风力机的机械转矩；J 为发电机和风力机整体的等效转动惯量；B 为风力发电机的总摩擦系数。

2. 直驱风电机组无功调节原理

（1）机侧变流器建模与控制策略。同步旋转坐标系的 d 轴定向于转子磁极轴线，q 轴超前于 d 轴 90°电角度，dq 轴随着转子磁极同步旋转。在 dq 坐标系下，永磁同步发电机的定子电压方程为

$$\begin{cases} u_d = R_s i_d + L\dfrac{di_d}{dt} + \dfrac{d\psi_f}{dt} - \omega_e L_q i_q \\ u_q = R_s i_q + L\dfrac{di_q}{dt} + \omega_e(L_d i_d + \psi_f) \end{cases} \tag{2-18}$$

式中：u_d、u_q 为变换器施加给永磁同步机 d、q 轴电压分量；i_d、i_q 为定子电流的 d、q 轴分量；L_d、L_q 为定子 d、q 轴的自感；ω_e 为转子的电角速度；ψ_f 为永磁体的磁链。

设 n_p 为电机的电极极对数，对于隐极同步电机或在运行过程中使定子电流的 d 轴分量始终为 0 时，电磁转矩的表达式为

$$T_e = \frac{3}{2}n_p\psi_f i_q \tag{2-19}$$

由式（2-19）可知，电磁转矩与定子 q 轴电流分量 i_q 相关，因此可采用控制 i_q 的方法对发电机转速进行调节。通过给定参考功率，实现对转速的调节。

为充分利用发电机的额定容量，基于单位功率因数运行原则，通过控制使发电机输出的无功功率恒定为零。

将永磁同步发电机转子的中心轴线定位在 d 轴时，$E_d = 0$。永磁同步发电机的功率方程为

$$\begin{cases} P = \dfrac{3}{2}E_q i_q \\ Q = \dfrac{3}{2}E_q i_d \end{cases} \tag{2-20}$$

根据式（2-20）可知，若要使无功功率输出为零，则需满足 $i_d = 0$。

在机侧换流器的内环控制中，可将式改写为

$$\begin{cases} U_d = -U'_d - \Delta U_d \\ U_q = -U'_q + \Delta U_q + E_q \end{cases} \tag{2-21}$$

其中
$$\begin{cases} U'_d = R_s i_d + L\dfrac{\mathrm{d}i_d}{\mathrm{d}t} \\ U'_q = R_s i_q + L\dfrac{\mathrm{d}i_q}{\mathrm{d}t} \end{cases},\quad \begin{cases} \Delta U_d = \omega L_d i_q \\ \Delta U_q = \omega L_q i_d \end{cases}$$

对于式（2-21），可通过式所示的比例积分算子得到 U'_d 和 U'_q。此外，通过引入 d 轴和 q 轴的电压耦合补偿项 ΔU_d、ΔU_q，可对机端电压进行前馈补偿，并使 i_d 和 i_q 实现独立解耦控制。

$$\begin{cases} U'_d = k_p(i_{d\mathrm{ref}} - i_d) + k_i\int(i_{d\mathrm{ref}} - i_d)\mathrm{d}t \\ U'_q = k_p(i_{q\mathrm{ref}} - i_q) + k_i\int(i_{q\mathrm{ref}} - i_q)\mathrm{d}t \end{cases} \tag{2-22}$$

因此可得到直驱风电机组机侧变流器控制框图，如图 2-9 所示。

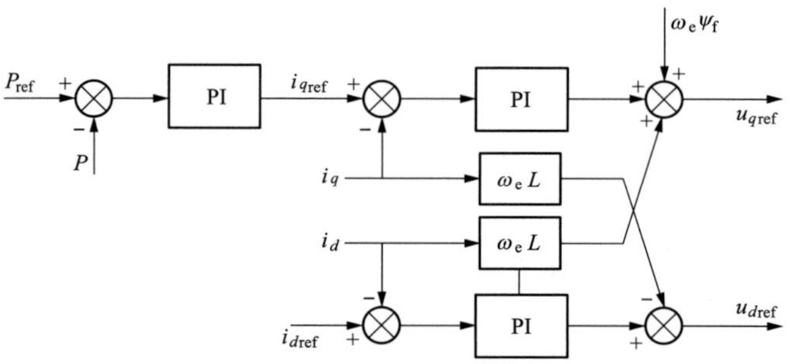

图 2-9　直驱风电机组机侧变流器控制框图

（2）电网侧变流器建模与控制策略。直驱风电机组电网侧变流器的作用是将机侧变流器得到的直流电能逆变成交流电能传送到电网。直驱风电机组网侧变流器和双馈风电机组网侧逆变器类似，采用基于电网电压定向的电压电流双闭环控制，电压外环起稳定直流侧电压作用，电流内环实现单位功率因素控制，其控制原理不再赘述。

2.2　提升地区电网电压稳定的分散式风电实用化控制技术

2.2.1　风电场无功调节能力实时评估方法

1. 双馈风电场无功调节能力评估方法

（1）双馈感应风力发电机（DFIG）定子侧的无功功率极限。DFIG 机组可发出或吸收无功功率的有四部分，分别为发电机定子、发电机转子、转子侧变流器和网侧变流器。其中，发电机转子和转子侧变流器由于双 PWM 变换器中直流侧电容的隔离作用，并不能将其产生的无功功率与电网进行交换。因此，DFIG 的无功功率范围主要是由发电机定子侧和网侧变流器两部分决定的。下面分别就定子侧和网侧变流器的无功调控能力进行分析，以确定 DFIG 的无功功率极限。

由 DFIG 转子侧变流器数学模型可知，单台 DFIG 风机定子发出的有功功率和无功功率分别为

$$\begin{cases} P_s = 1.5\dfrac{L_m}{L_s}V_s i'_{dr} \\ Q_s = -1.5\dfrac{L_m}{L_s}V_s i'_{qr} - 1.5\dfrac{V_s^2}{\omega_s L_s} \end{cases} \tag{2-23}$$

其中

$$L_s = L_{1s} + L_m$$

式中：P_s、Q_s为发出的有功功率和无功功率；L_m为 dq 坐标系下同轴定、转子绕组间的等效互感；L_{1s}为 dq 坐标系下定子漏电抗；i'_{dr}、i'_{qr}为转子电流的有功分量和无功分量；V_s为机端电压。

由此可知：

$$P_s^2 + \left(Q_s + 1.5\frac{V_s^2}{\omega_s L_s}\right)^2 = \left(1.5\frac{L_m}{L_s}V_s\right)^2 I'^2_r \leqslant \left(1.5\frac{L_m}{L_s}V_s\right)^2 I'^2_{rmax} \tag{2-24}$$

式中：I'_{rmax}为转子侧换流器所允许通过的最大电流，一般为 DFIG 转子额定电流的 1.2～1.5 倍。

由以上可知，无功功率 Q_s的大小仅与双馈风机自身的参数、机端电压值和定子有功功率有关，即

$$\begin{cases} Q_{s1min} \leqslant Q_s \leqslant Q_{s1max} \\ Q_{s1min} = -1.5\dfrac{V_s^2}{\omega_s L_s} - \sqrt{\left(1.5\dfrac{L_m}{L_s}V_s I'_{r\,max}\right)^2 - P_s^2} \\ Q_{s1max} = -1.5\dfrac{V_s^2}{\omega_s L_s} + \sqrt{\left(1.5\dfrac{L_m}{L_s}V_s I'_{r\,max}\right)^2 - P_s^2} \end{cases} \tag{2-25}$$

当不考虑额定值而仅仅以转子侧变流器电流不超过其允许通过的最大电流为条件时，DFIG 在其正常运行时可能会导致视在功率大于其额定值。因此，发电机本身的容量限制也是应该考虑的条件之一，即其定子侧无功调节范围还需满足所限定的约束条件。

$$\begin{cases} Q_{s2min} \leqslant Q_s \leqslant Q_{s2max} \\ Q_{s2min} = -\sqrt{S_N^2 - P_s^2} \\ Q_{s2max} = \sqrt{S_N^2 - P_s^2} \end{cases} \tag{2-26}$$

综合各种约束，考虑其实际运行中的状况，双馈机组定子无功功率的极限范围为

$$\begin{cases} Q_{s\,min} \leqslant Q_s \leqslant Q_{s\,max} \\ Q_{s\,min} = \max(Q_{s1min}, Q_{s2min}) \\ Q_{s\,max} = \min(Q_{s1max}, Q_{s2max}) \end{cases} \tag{2-27}$$

其中，Q_s为正表示 DFIG 发出无功，为负表示 DFIG 从电网吸收无功。

（2）DFIG 网侧变流器的无功功率极限。双馈变速恒频风电系统的网侧变流器实际上相当于一台电压型 PWM 整流器，交流侧电压电流连续可控，可工作在逆变或整流状态。一般情况下，为保证最大限度的输出有功功率，通常将网侧变流器设定在单位功率因数的工作状态，其容量一般按 DFIG 机组的最大转差有功功率设计。但由于风速的随机性，网侧变流器通常并不能总在最大转差率的点上运行，因此就具备了产生一定的无功功率裕量的能力，此时若一直让其以单位功率因数状态下运行，会造成无功功率的浪费。当系统对风电场的无功能力要求较高时，可考虑变换单位功率因数运行为其他运行方式，确保网侧变流器所具备的无功功率发生能力得到充分利用。设网侧变流器设计的最大容量为 S_{gcmax}，网侧变流器的有功功率为 P_{gc}，网侧变流器发出或吸收的无功运行范围为

$$\begin{cases} Q_{\mathrm{gcmin}} \leqslant Q_{\mathrm{gc}} \leqslant Q_{\mathrm{gcmax}} \\ Q_{\mathrm{gcmin}} = -\sqrt{S_{\mathrm{gcmax}}^2 - P_{\mathrm{gc}}^2} \\ Q_{\mathrm{gcmax}} = \sqrt{S_{\mathrm{gcmax}}^2 - P_{\mathrm{gc}}^2} \end{cases} \tag{2-28}$$

考虑定子侧变流器的无功调控能力后，双馈风电机组总的无功运行范围为

$$\begin{cases} Q_{\mathrm{DFIGmin}} \leqslant Q_{\mathrm{DFIG}} \leqslant Q_{\mathrm{DFIGmax}} \\ Q_{\mathrm{DFIGmin}} = Q_{\mathrm{smin}} + Q_{\mathrm{gcmin}} \\ Q_{\mathrm{DFIGmax}} = Q_{\mathrm{smax}} + Q_{\mathrm{gcmax}} \end{cases} \tag{2-29}$$

以一台容量为 3MW 双馈风力发电机的无功功率极限能力为例。DFIG 机组向电网注入的有功功率越大，定子无功功率的出力范围就越小。定子发出的有功功率在风速一定的情况下为定值，但其发出和吸收无功的能力却有所不同，一般吸收无功功率的能力要大于发出无功的能力。网侧变流器的总体可调的无功裕量较小，特别是当机组接近有功功率的满发状态时，其无功裕量几乎可以被忽略。在发电机组正常运行中，为使双馈风电机组尽可能多的发出有功功率，通常要求网侧变流器工作在零无功功率的运行状态，尽可能地提高功率因数。因此，在计算双馈风电机组的无功功率极限时可忽略发电机网侧的无功发生能力，对于其定子侧的无功裕量可按式（2-29）进行计算。一个由 n 台 DFIG 组成的双馈风力发电场的无功功率极限范围为

$$\begin{cases} Q_{\mathrm{DFIGsmin}} \leqslant Q_{\mathrm{DFIGs}} \leqslant Q_{\mathrm{DFIGsmax}} \\ Q_{\mathrm{DFIGsmin}} = \sum\limits_{i=1}^{n} Q_{\mathrm{DFIGis\ min}} \\ Q_{\mathrm{DFIGsmax}} = \sum\limits_{i=1}^{n} Q_{\mathrm{DFIGis\ max}} \end{cases} \tag{2-30}$$

实际上，在某些情况下风机制造商处于保护风机的目的，在考虑（2-30）及充分裕度情况下，从风机数据采集和监测（SCADA）系统和风电机组控制系统层面固化了风机的无功可调容量。例如，一台 2MW 的风机，固定其无功可容范围为［－500，500］kvar。这种情况下，Q_{DFIGs}只与并网的风机台数有关，即

$$Q_{\mathrm{DFIGs}} = nQ_{\mathrm{DFIG}} = nQ_{\mathrm{D}} \tag{2-31}$$

（3）无功补偿设备的可调容量。按照风力发电场无功配置及电压控制技术规定，风电场

配置的无功补偿装置和容量应结合风电场实际接入情况进行确定。通常，采用并联电容/电抗器、静止无功补偿器或静止同步补偿器。无功补偿设备的可调容量：

$$Q_b = Q_{svg} + Q_{FC} \tag{2-32}$$

（4）风电场无功可调容量计算。综上，风电场的无功可调容量为风机可容容量与无功补偿设备可调容量之和，即

$$Q_Z = Q_{DFIG} + Q_b \tag{2-33}$$

2. 适用于 AVC 应用的双馈风电场无功能力评估和校核方法

电网电压无功控制（AVC）角度，通常只是将风电场作为一个无功连续可调的可控对象。AVC 子站向主站传送的信息除 AVC 远方就地信号、闭锁信号等信息外，还包括了风电站子站上送的本厂站无功可调容量（可增/减无功）。

由于子站上送的厂站当前无功可调容量是基于当前时间断面的机组处出力情况和无功补偿设备的运行状况得出，未考虑到从当前时刻到 AVC 下一个控制指令下发时刻（通常为 15min）这段时间内风机出力和无功补偿设备实际输出功率的变化，因此具有一定滞后性。如果风速变化较快，那么这样的滞后特性有可能限制风电场的可调容量范围。因此，有必要引入风电场的超短预测信息，结合未来 15min 的风电场预测出力信息，在 AVC 主站侧对 AVC 子站上送的可调容量进行评估和校核。

具体的评估校核方法如下。

（1）t 时刻，AVC 主站跨安全防火墙从调度端安全 II 区风电功率预测系统获取由风电场端风电功率预测系统上送的未来 15min～4h 超短期风电功率预测数据 $\{P^t_{t+1}, P^t_{t+2}, \cdots, P^t_{t+16}\}$，从中提取出未来 $t+15$min 时刻风电场的预测功率 P^t_{t+1}。

（2）如果 t 时刻获取预测数据失败，则从前一时刻即 $t-15$min 时刻获取的预测数据 $\{P^{t-1}_t, P^{t-1}_{t+1}, \cdots, P^{t-1}_{t+15}\}$ 中提取出 P^{t-1}_{t+1}。

（3）AVC 主站获取 AVC 子站上送的当前时刻风电场全场可增无功容量 Q_{z+}、可减无功容量 Q_{z-}，以及 SVG 可增无功容量 Q_{svg+}、Q_{svg-}。

（4）AVC 主站获取风电场 t 时刻实际有功功率 P^t_f。

（5）从 EMS 获取风电场当前实际开机容量 P_s，则风电场预计可调容量：

$$Q_{y1} = f(P_s, P^t_{t+1}) \text{ 或 } f(P_s, P^{t-1}_{t+1}) \tag{2-34}$$

式中：f 为风电场现场无功调节能力试验绘制的 P-Q 功率曲线。或者简单地取：

$$Q_{y1} = \eta P^t_{t+1} \text{ 或 } \eta P^{t-1}_{t+1} \tag{2-35}$$

式中：η 为风机制造厂商提供的风机无功容量与无功功率之间的折算系数。

（6）校核 Q_{y1} 与（$Q_{z+} - Q_{svg+}$）、（$Q_{z-} - Q_{svg-}$）的大小：如果 $Q_{y1} > Q_{z+}$，则取实际可增无功容量 $Q_{s+} = Q_{z+}$，否则取 $Q_{s+} = Q_{y1}$；如果 $Q_{y1} > Q_{z-}$，则取实际可减无功容量 $Q_{s-} = -Q_{z-}$，否则取 $Q_{s-} = -Q_{y1}$。

（7）输出 [Q_{s+}，Q_{s-}]，作为风电场的无功实际可调节能力范围，参与无功电压的优化计算。

3. 举例

以风雨殿风电场为例，该风电场共有 50 台 SKYFKK2000-4 双馈风机，总装机容量 99.8MW。某日的超短期预测负荷数据，见表 2-1。

表 2-1　　某日的超短期预测负荷数据

日期	时间	超短期预测	实际功率
2018—05—16	00：00	73.89	74.98
2018—05—16	00：15	74.51	74.04
2018—05—16	00：30	75.03	70.36
2018—05—16	00：45	75.9	69.55
2018—05—16	01：00	76.81	71.55
2018—05—16	01：15	77.67	71.08
2018—05—16	01：30	78.79	71.75
2018—05—16	01：45	79.51	71.64
2018—05—16	02：00	79.61	71.14
2018—05—16	02：15	79.66	71.1
2018—05—16	02：30	79.97	72.14
2018—05—16	02：45	79.94	72.79
2018—05—16	03：00	79.81	70.15
2018—05—16	03：15	79.77	72.28
2018—05—16	03：30	79.84	72.28
2018—05—16	03：45	79.88	80.24
2018—05—16	04：00	79.81	78.98

简单取 $\eta=0.3$，暂不考虑无功补偿设备补偿容量。校验前后风机无功可调容量对比，如图 2-10 所示。

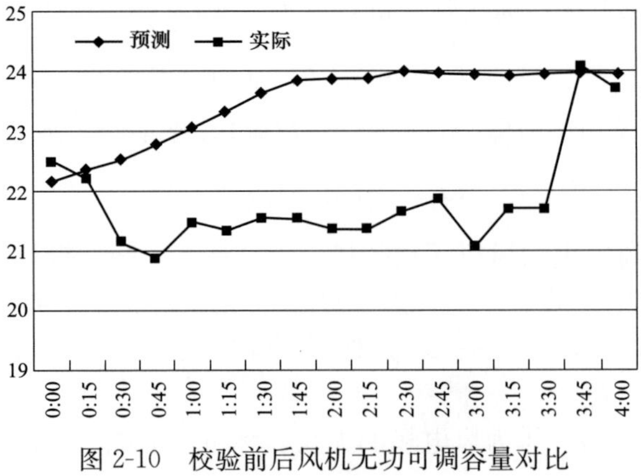

图 2-10　校验前后风机无功可调容量对比

如图 2-10 所示，考虑风机超短期功率预测情况下，风电场（不包含无功补偿设备）的无功可调容量比不考虑预测情况下平均要多出 7.8%，考虑风功率预测时无功可调容量的增加百分比，如图 2-11 所示。

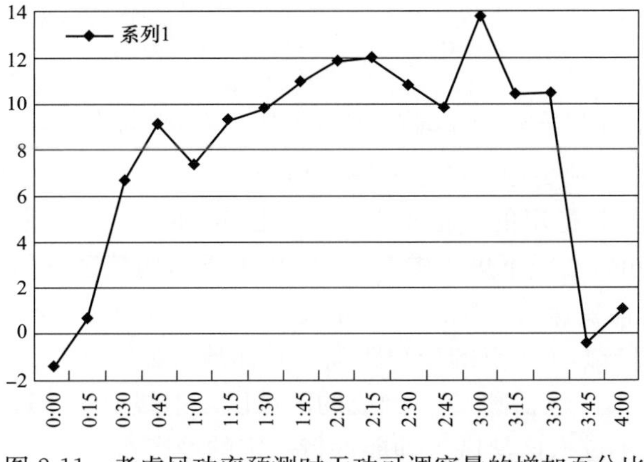

图 2-11 考虑风功率预测时无功可调容量的增加百分比

2.2.2 基于阻抗分析法的风电系统并网稳定性研究

随着大量新能源经电力电子变换器接入电网，各新能源的相互作用易导致电力系统稳定性和动态性能降低，甚至造成系统失稳。随着新能源并网规模的增加，传统电力系统电压稳定分析方法难以精确地反映系统稳定的真实情况，而基于阻抗比的小信号稳定分析适用于规模化新能源电力系统。因此，通过把基于阻抗比的小信号稳定性原理纳入风电并网的稳定性分析中，使含风电并网系统的稳定性情况更加精确，电网的运行更加可靠。

1. 两级级联系统的阻抗比判据

对于一个两级级联系统，如图 2-12 所示，根据米德布鲁克（Middlebrook）提出的阻抗比判据，系统能够保持稳定的条件是在所有频率段满足式（2-36），即

$$|Z_{\mathrm{o}}| \leqslant |Z_{\mathrm{in}}| \tag{2-36}$$

式中：Z_{o}是电源侧子系统的输出阻抗；Z_{in}是负载侧子系统的输入阻抗。

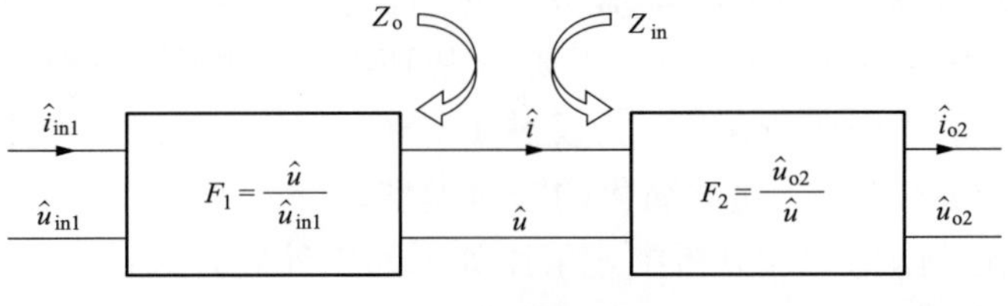

图 2-12 两级级联系统

式（2-36）的判据公式只是稳定的一个充分条件即要求整个频域段的阻抗比值满足要求，具有一定的保守性，不能准确反映系统的稳定水平。此外，在系统设计时，会造成滤波器、电容器所需容量增大等。为了克服 Middlebrook 判据的保守性，本文利用系统输出和输入阻抗比的奈奎斯特（Nyquist）曲线，提出一种含变换器系统的并网稳定分析方法。

以下以两级级联系统为例，推导基于系统输入输出阻抗比的 Nyquist 曲线稳定分析原理。如图 2-13 所示，两级联系统的传递函数表示为

$$F=\frac{\hat{u}_{o2}}{\hat{u}_{in1}}=\frac{F_1F_2}{1+\dfrac{Z_o}{Z_{in}}}=\frac{F_1F_2}{1+T_m} \tag{2-37}$$

式中：F_1、F_2是源子系统和负载子系统的传递函数；T_m称为次环路增益或小环路增益，且$T_m=Z_0/Z_{in}$；$\hat{u}_{in1}$、$\hat{u}_{o2}$分别是输入电压和输出电压。

假设子系统F_1、F_2是稳定的，根据 Nyquist 稳定判据，整个系统保持稳定的充要条件是当且仅当T_m的 Nyquist 曲线不进入图 2-13（a）中所示的禁区（即射线$x\leqslant-1$，$y=0$）。一般地，系统稳定运行需要保持一定的稳定裕度。根据 Nyquist 稳定判据，稳定裕度定义为T_m的 Nyquist 曲线与（−1，0）点的最短距离。具体地，如图 2-13（b）所示，以（−1，0）为圆心划定一个圆 O，禁区包括圆 O 所围成的区域以及射线$x\leqslant-1$，$y=0$。系统输入输出阻抗比的 Nyquist 曲线不进入该禁区，即能保持一定的稳定裕度。

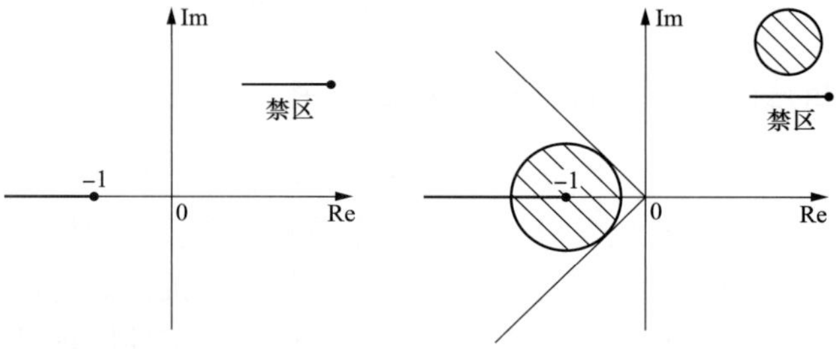

(a) 小信号稳定禁区　　(b) 考虑稳定裕度的稳定禁区

图 2-13　系统稳定的禁区

2. 直驱风电机组的输出阻抗与并网稳定分析方法

直驱风力发电机组（PMSG）是典型的含变换器分布式系统，将 PMSG 作为电源侧子系统，其余部分等效为负载侧子系统，便可利用本章所提基于输出和输入阻抗比的奈奎斯特曲线稳定分析方法，判断 PMSG 并网的稳定性。

本节在 PMSG 数学模型的基础上，建立相应的状态方程，求取 PMSG 的等效输出阻抗。由于变换器控制响应速度快（毫秒级），主要考虑 PMSG 并网的动态稳定问题（秒级），故可认为变换器的控制特性为理想情况。为反映 PMSG 并网动态特性的主要相关因素，可不计其快速衰减和高频模态部分，建立简化的降阶模型。

此外，在 PMSG 并网稳定性分析中，采用如下通用处理方式：

忽略定子电阻，同步发电机电压方程式简化为

$$\begin{cases}V_{ds}=L_q i_{qs}\omega_e\\ V_{qs}=-L_d i_{ds}\omega_e+\psi\omega_e\end{cases} \tag{2-38}$$

网侧变换器控制利用平均模型，有

$$\begin{cases}V_{ds}=S_{d1}V_{dc}\\ V_{qs}=S_{q1}V_{dc}\end{cases} \tag{2-39}$$

$$\begin{cases}V_{dt}=S_{d2}V_{dc}\\ V_{qt}=S_{q2}V_{dc}\end{cases} \tag{2-40}$$

式中：S_{d1}、S_{q1}、S_{d2}、S_{q2} 分别是机侧和网侧变换器 d、q 轴的输出占空比。

当网侧变换器单位功率因数输出时，q 轴电流给定值为 0。

基于上述 3 点，联合式（2-38）～式（2-40），线性化后得到状态方程：

$$\begin{bmatrix}\Delta\dot{\omega}_{e}\\ \Delta\dot{i}_{dg}\\ \Delta\dot{V}_{dc}\end{bmatrix}=\begin{bmatrix}a_{11} & & \\ & a_{22} & a_{23}\\ & a_{32} & \end{bmatrix}\begin{bmatrix}\Delta\omega_{e}\\ \Delta i_{dg}\\ \Delta V_{dc}\end{bmatrix}+\begin{bmatrix} & b_{12}\\ b_{21} & \\ & \end{bmatrix}\begin{bmatrix}\Delta V_{dg}\\ \Delta v_{w}\end{bmatrix}+\begin{bmatrix} & c_{12}\\ & \\ c_{31} & c_{32}\end{bmatrix}\begin{bmatrix}\Delta i_{ds}\\ \Delta i_{qs}\end{bmatrix} \tag{2-41}$$

输出方程：

$$\begin{bmatrix}\Delta i_{ds}\\ \Delta i_{qs}\end{bmatrix}=\begin{bmatrix}d_{11} & 0 & d_{13}\\ d_{21} & 0 & d_{23}\end{bmatrix}\begin{bmatrix}\Delta\omega_{e}\\ \Delta i_{dg}\\ \Delta V_{dc}\end{bmatrix} \tag{2-42}$$

式中：

$$a_{11}=\frac{\rho\pi R^{4}v_{W0}e^{-12.5(1/\lambda_0-0.035)}}{J_{ed}}[(159.5/\lambda_0^4)-(37.977\,5/\lambda_0^3)+(0.996\,6/\lambda_0^2)]$$

$$a_{22}=-\frac{R_f}{L_f},\ a_{23}=\frac{S_{d2}}{L_f},\ a_{32}=-\frac{3S_{d2}}{2C}$$

$$b_{12}=\frac{\rho\pi R^{3}}{J_{ed}}e^{-12.5(1/\lambda_0-0.035)}[(25.52/\lambda_0^2-1.993\,2/\lambda_0)v_{W0}-(159.5/\lambda_0^4-37.977\,5/\lambda_0^3+0.996\,6/\lambda_0^2)r\omega_{e0}]$$

$$b_{21}=-\frac{1}{L_f},\ c_{12}=\frac{\psi}{J_{ed}},\ c_{31}=\frac{3S_{d1}}{2C},\ c_{32}=\frac{3S_{q1}}{2C}$$

$$d_{11}=\frac{\psi-L_d i_{ds0}}{L_d\omega_{e0}},\ d_{13}=\frac{S_{q1}}{L_d\omega_{e0}},\ d_{21}=-\frac{i_{qs0}}{\omega_{e0}},\quad d_{23}=\frac{S_{d1}}{L_q\omega_{e0}}$$

将式（2-42）代入式（2-41），根据向量矩阵计算并化简可得

$$\begin{bmatrix}\Delta\omega_{e}\\ \Delta i_{dg}\\ \Delta V_{dc}\end{bmatrix}=\begin{bmatrix}G_{11} & G_{12}\\ G_{21} & G_{22}\\ G_{31} & G_{32}\end{bmatrix}\begin{bmatrix}\Delta V_{dg}\\ \Delta v_{w}\end{bmatrix} \tag{2-43}$$

利用式（2-43）得出 PMSG 的输出阻抗表达式为

$$Z_O=\frac{\Delta V_{dg}}{\Delta i_{dg}}=\frac{1}{G_{21}}=\frac{N(s)}{D(s)} \tag{2-44}$$

式中：

$$\begin{aligned}N(s)=&s^3+\left(\frac{R_f}{L_f}+\frac{\psi i_{qs0}}{J_{ed}\omega_{e0}}-a_{11}-\frac{3S_{d1}S_{q1}}{CL_d\omega_{e0}}\right)s^2+\left[a_{11}\left(\frac{3S_{d1}S_{q1}}{CL_d\omega_{e0}}-\frac{R_f}{L_f}\right)+\frac{3S_{d2}^2}{2CL_f}\right.\\&\left.-\frac{R_f}{L_f}\left(\frac{3S_{d1}S_{q1}}{CL_d\omega_{e0}}-\frac{\psi i_{qs0}}{J_{ed}\omega_{e0}}\right)-\frac{3\psi S_{d1}(S_{d1}\psi-S_{d1}L_d i_{ds0}+S_{q1}L_d i_{qs0})}{2CJ_{ed}L_d^2\omega_{e0}^2}\right]s\\&+a_{11}\left(\frac{R_f}{L_f}\frac{3S_{d1}S_{q1}}{CL_d\omega_{e0}}-\frac{3S_{d2}^2}{2CL_f}\right)+\frac{3S_{d2}^2\psi i_{qs0}}{2CL_fJ_{ed}\omega_{e0}}-\frac{3R_f\psi S_{d1}(S_{d1}\psi-S_{d1}L_d i_{ds0}+S_{q1}L_d i_{qs0})}{2CL_fJ_{ed}L_d^2\omega_{e0}^2}\end{aligned}$$

$$D(s)=\frac{1}{L_f}s^2+\frac{1}{L_f}\left(a_{11}-\frac{\psi i_{qs0}}{J_{ed}\omega_{e0}}-\frac{3S_{d1}(\psi-L_d i_{ds0}+S_{q1})}{2CJ_{ed}L_d^2\omega_{e0}^2}\right)s$$

$$+\frac{3\psi S_{d1}(S_{d1}\psi-S_{d1}L_d i_{ds0}+S_{q1}L_d i_{qs0})}{2CL_f J_{ed}L_d^2\omega_{e0}^2}-a_{11}\frac{3S_{d1}S_{q1}}{CL_f L_d\omega_{e0}}$$

由式（2-44）可知，PMSG 输出阻抗与风机结构参数 R_f、L_f、L_d、C、ψ、J_{ed}，运行参数 i_{ds0}、i_{qs0}、S_{d1}、S_{q1}、S_{d2}、ω_e及外部输入参数 v_w（包含在 a_{11}中）等相关。当 PMSG 的结构参数一定时，根据系统实时运行状态，可求出其输出阻抗的具体形式。

3. PMSG 并网稳定分析方法与实现流程

基于阻抗比判据的 PMSG 并网稳定分析方法首先利用式（2-44）得到 PMSG 的等效输出阻抗，并进一步求取电网侧等效输入阻抗（传递函数形式）；然后求取输出和输入阻抗比 T_m（$T_m=Z_o/Z_{in}$）的 Nyquist 曲线；最后依据 Nyquist 稳定判据，判断 PMSG 并网的稳定性。当阻抗比 T_m的 Nyquist 曲线与禁区［即射线 $x\leqslant-1$，$y=0$，如图 2-13（a）所示］不相交时，系统保持稳定；当阻抗比 T_m的 Nyquist 曲线与禁区相交时，系统失去稳定；当阻抗比 T_m的 Nyquist 曲线仅与点（-1，0）相交时，系统临界稳定。一般地，为保持一定稳定裕度，禁区选为图 2-13（b）所示的阴影部分区域。

所提稳定分析方法具体实现流程如下：

①获取 PMSG 和电网的运行参数、模型参数等。PMSG 的模型参数主要有 R_f、L_f、L_d、C、ψ、J_{ed}等，运行参数有 i_{ds0}、i_{qs0}、ω_e、v_w等；电网侧元件主要结构参数包括线路、变压器以及常规机组的模型参数，运行参数有节点电压、有功功率和无功功率等。

②将 PMSG 运行参数、结构参数代入式（2-44），求取 PMSG 并网端口等效输出阻抗 Z_0。

③根据电网各元件的模型参数和运行参数，利用戴维南等值原理求出 PMSG 并网处网侧的等效输入阻抗 Z_{in}。

④求取输出和输入阻抗比 T_m的 Nyquist 曲线，判断该曲线与禁区（如图 2-13（a）所示，即射线 $x\leqslant-1$，$y=0$）的关系。如果该曲线与禁区相交，则系统失稳；反之，系统保持稳定。

2.2.3 提升地区电网静态电压调节能力的风电快速电压控制技术

针对电网持续大的扰动，通过挖掘风电场、电网的实时信息，如同步量测相量装置（PMU）数据，获取风电场有功功率、负荷功率等，可提高对风电机组无功调节能力利用的准确性，及时掌握电网的动态特性，为电网电压实时控制奠定基础。本节重点研究如何充分挖掘电网实时信息，设计风电机组、SVC（或 SVG），以及常规机组的快速电压控制策略，以应对分布式风电功率的持续大幅波动等情况。

1. 分布式风电的系统模型

含分布式风电的电力系统主要包括常规发电机、风电场、负荷及电力网络等。

（1）常规发电机。考虑常规发电机的励磁电压动态特性，发电机动态模型一般表示为

$$T'_{d0i}\dot{E}'_{qi}=E_{fi}-E'_{qi}-(X_{di}-X'_{di})i_{di} \tag{2-45}$$

$$T_{ji}\dot{\omega}_i=T_{mi}-T_{ei}-D_i(\omega_i-1) \tag{2-46}$$

$$\dot{\delta}_i=\omega_0(\omega_i-1) \tag{2-47}$$

式中：T'_{d0i}、E_{fi}、E'_{qi}、X_{di}、X'_{di}和 i_{di}为发电机的 d 轴开路时间常数、励磁电压、q 轴暂态电势、d 轴电抗、d 轴暂态电抗和d 轴电流；T_{ji}、ω_i、ω_0、δ_i、D_i、T_{mi}和 T_{ei}为发电机惯性

时间常数、角频率、额定角频率、功角、阻尼系数、机械转矩和电磁转矩。

其中，式（2-45）表示发电机励磁电压方程。式（2-46）和式（2-47）为发电机的机械方程。

（2）风电场。以直驱风机（或双馈风机）为基础的风电场，其无功控制模型可简化表示为

$$T_{\mathrm{Ws}}\dot{Q}_{\mathrm{wi}}=-Q_{\mathrm{wi}}+Q_{\mathrm{wrefi}} \tag{2-48}$$

式中：T_{Ws}为风电机组网侧变流器响应时间常数；Q_{wi}为风机的无功功率；Q_{wrefi}为给定的有功功率控制值。

（3）风电场静止无功发生器 SVG。SVG 可表示为一个可控的电流源，其模型可表示为

$$T_{\mathrm{s}}\dot{I}_{\mathrm{s}}=-I_{\mathrm{s}}+\frac{K_{\mathrm{P}}}{X_{\mathrm{T}}}(V_{\mathrm{ref}}-V)-\frac{V_{\mathrm{T}}}{X_{\mathrm{T}}} \tag{2-49}$$

式中：V_{ref}为 SVG 侧参考电压值；V 为 SVG 侧实际电压值；V_{T}为控制节点实际电压值；I_{s}为 SVG 输出电流；K_{p}为 SVG 变流器电压控制系数；X_{T}为控制节点等效感抗；T_{s}为 SVG 变流器响应时间常数。

（4）电力网络模型。电力网络方程为

$$\boldsymbol{I}_{\mathrm{xy}}=\boldsymbol{Y}_{\mathrm{xy}}\boldsymbol{V}_{\mathrm{xy}} \tag{2-50}$$

式中：$\boldsymbol{V}_{\mathrm{xy}}$和$\boldsymbol{I}_{\mathrm{xy}}$为系统所有发电机和负荷节点的电压向量和注入节点电流向量；$\boldsymbol{Y}_{\mathrm{xy}}$为网络导纳矩阵。

2. 地区电网电压实施控制方法

（1）实时电压控制模型。一方面，对常规发电机而言，当实时获取发电机功角δ_{i}、有功功率P_{gi}、机端电压V_{gi}及相角θ_{gi}信息时，可求得暂态电势。另一方面，在风电场侧，当实时获取风电场开机台数、有功功率、节点电压V_{wi}等信息后，可实时求得风机的无功调节能力。此外，在变电站侧，当实时获取负荷侧的负荷功率、节点电压V_{li}等信息时，可建立负荷节点电压偏差向量$\Delta\boldsymbol{V}_{\mathrm{l}}$和系统状态量$x_{\mathrm{s}}$的关系。系统状态量包括发电机励磁电势、SVC 的导纳或 SVG 的电流。

上述实时信息可从电厂侧、变电站侧及风电场侧 PMU 获得。仅考虑动态无功补偿 SVC，利用上述信息并联合式（2-45）～式（2-51），可推导出电力系统的实时电压控制模型：

$$\min J=\frac{1}{2}\int_{t_0}^{t_m}(\boldsymbol{y}^{\mathrm{T}}\boldsymbol{Q}\boldsymbol{y}+\boldsymbol{u}^{\mathrm{T}}\boldsymbol{R}\boldsymbol{u})\mathrm{d}t$$

$$st:\begin{cases}\dot{\boldsymbol{x}}=\boldsymbol{A}\boldsymbol{x}+\boldsymbol{B}\boldsymbol{u}+\boldsymbol{E}\boldsymbol{W}\\ \boldsymbol{y}=\boldsymbol{C}\boldsymbol{x}-\boldsymbol{r}\\ \boldsymbol{u}_{\min}\leqslant\boldsymbol{u}\leqslant\boldsymbol{u}_{\max}\end{cases} \tag{2-51}$$

式中：J 为目标函数；t_0为扰动发生时刻；$\boldsymbol{t}_{\mathrm{m}}$为终止时刻；$\boldsymbol{x}$ 为系统状态量，包括常规发电机组 q 轴暂态电势偏差、SVC 的导纳偏差和风电场无功出力偏差；$\boldsymbol{y}$ 为系统输出量，包括负荷节点和风电并网点母线电压偏差；$\boldsymbol{y}$ 为负荷节点和风电并网点母线电压偏差；矩阵 $\boldsymbol{Q}$ 和 $\boldsymbol{R}$ 为电压偏差加权矩阵和控制代价加权矩阵，它们均为对角矩阵；$\boldsymbol{u}$ 为系统控制变量，包括常规发电机的励磁电压、SVC（或 SVG）的参考控制电压、风电场风机的无功输出量；$\boldsymbol{u}_{\max}$、$\boldsymbol{u}_{\min}$为控制变量的上、下限。矩阵 A、B、C 分别为电力系统的状态变量矩阵、控制

变量矩阵和输出变量矩阵，$\boldsymbol{E}$ 为系统扰动量矩阵，$\boldsymbol{W}$ 为系统扰动量，r 为输出冗余量。

其他变量表达式为

$$\boldsymbol{x}_s=[\Delta E'_{qi},\ \Delta B_i,\ \Delta Q_{wi}]^T,\ u_s=[\Delta E_{fi},\ \Delta V_{refi},\ \Delta Q_{wrefi}]^T,$$
$$\boldsymbol{W}=[w_1,\ L,\ w_i,\ L,\ w_m]^T,\ w_i=V_{gi}\cos\delta_i-V_{gi0}\cos\delta_{i0}。$$

式中：$\Delta E'_{qi}$、ΔB_i、ΔQ_{wi} 分别为常规发电机组 q 轴暂态电势偏差、SVC 的导纳偏差和风电场无功出力偏差；ΔE_{fi}、ΔV_{refi}、ΔQ_{wrefi} 分别为常规发电机组励磁电势偏差、SVC 参考控制电压偏差，风电场无功出力参考控制量偏差。

（2）实时电压控制策略及实现流程。为简化控制问题，首先不考虑式（2-51）中的不等式约束条件，则实时电压控制问题转化为线性二次型跟踪控制问题，即对控制系统找到一个反馈控制策略：

$$\boldsymbol{v}=\boldsymbol{Kx}+\boldsymbol{G} \tag{2-52}$$

使目标函数 $\boldsymbol{J}$ 最小。

式中：$\boldsymbol{K}$ 和 $\boldsymbol{G}$ 为反馈控制矩阵。

进一步认为控制结束时间 t_m 足够大。根据二次型最优控制理论，反馈控制矩阵 $\boldsymbol{K}$ 和 $\boldsymbol{G}$ 的近似解为

$$\begin{cases}\boldsymbol{K}=-\boldsymbol{R}^{-1}\boldsymbol{B}^T\boldsymbol{P}\\ \boldsymbol{G}=\boldsymbol{R}^{-1}\boldsymbol{B}^T\varepsilon\end{cases} \tag{2-53}$$

式中：矩阵 $\boldsymbol{R}$ 为控制代价加权矩阵，$\boldsymbol{P}$ 为正定矩阵，ε 为与输出冗余量相关的向量。

矩阵 $\boldsymbol{P}$ 和 ε 为式（2-54）的解，且

$$\begin{cases}0=-\boldsymbol{PA}-\boldsymbol{A}^T\boldsymbol{P}+\boldsymbol{PBR}^{-1}\boldsymbol{B}^T\boldsymbol{P}-\boldsymbol{C}^T\boldsymbol{QC}\\ 0=(\boldsymbol{PBR}^{-1}\boldsymbol{B}^T-\boldsymbol{A}^T)\varepsilon+PEW-\boldsymbol{C}^T\boldsymbol{Qr}\end{cases} \tag{2-54}$$

最后，将控制变量的不等式约束嵌入控制策略中，得到含分布式风电的实时电压控制策略。

本节所提实时电压控制策略实现步骤如下。

（1）从 EMS/SCADA 系统中获取各开关量的状态、网络的拓扑结构及线路等模型参数和系统初始运行参数。

（2）$t=t_k$ 时，获取常规机组、风电场，以及负荷的实时信息 δ_i、P_{gi}、V_{gi}、V_{li} 等（可从 PMUs 中获得），求取系统状态变量 x_s。

（3）利用电力系统的实时信息，建立含分布式风电的电力系统实时电压控制模型，即式（2-51）。

（4）求解式（2-54）得到矩阵 $\boldsymbol{P}$ 和 ε，并利用式（2-53）得到反馈控制矩阵 $\boldsymbol{K}$ 和 $\boldsymbol{G}$。进一步根据式（2-52）可得实时电压控制策略。

（5）将电压控制策略作用于系统。如果系统电压满足要求并保持稳定，则控制结束；否则，取 $k=k+1$，在下一时刻，跳转到步骤（2）。

2.3 现 场 案 例

自动电压控制（automatic voltage control，AVC）能通过对无功电压的实时监测和在线计算，分层分区调节各个无功电源的功率情况，实现对电网电压的闭环控制。为满足无功电

压调节的需要，AVC 应具备以下两个特点：一是在时间上分层，满足各个时间尺度下的控制需求，既能实现实时控制又能制定较长运行周期内的运行计划；二是在空间上分区，既能进行无功电压的就地平衡，又能进行全网经济运行的统筹计算。学者们据此提出了三级电压控制的思想，并已逐渐在世界各地推广使用。

AVC 的控制体系，如图 2-14 所示。

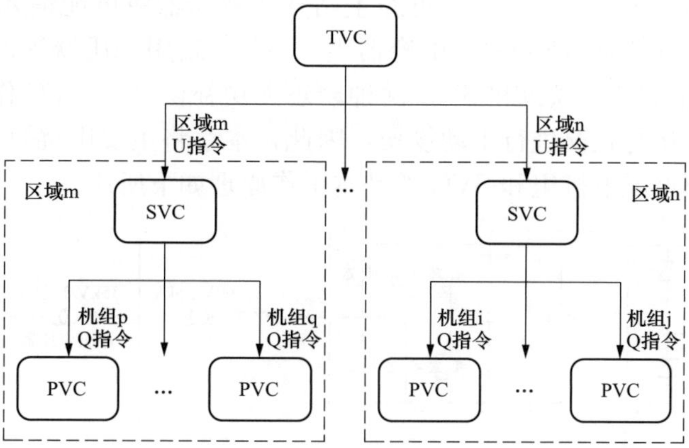

图 2-14　AVC 的控制体系

AVC 的研究对象一般为较大的输电网络，分层分区的电压控制策略能在信息交换较少的前提下同时满足就地补偿和全网统筹的要求。但是，对一个规模较小的网络而言，SVC 和三级电压控制（tertiary voltage control，TVC）的功能完全可以集成，用一个调控模块同时实现机组功率分配和经济运行。因此，由于本项目的研究对象为高压配电网，电压控制策略可整合 SVC 和 TVC 功能，即在满足电压控制要求的前提下，分配机组功率时考虑经济因素的影响。同时，与传统 AVC 不同的是本文还涉及调节分布式电源的有功功率，实现有功-无功联合调压。

风电场的 AVC 系统主要用于控制风电场并网点的电压，它对于保持电网电压的运行稳定性和可靠性具有重要的意义。在已开展的几个风电场 AVC 试验中，发现了诸多问题：①AVC 系统只联动了 SVG，未将风机纳入其中，这大大限制了风电场的可调度无功容量。例如，窑坡山风电场 SVG 的装机容量为±5Mvar，它的额定感性/容性无功功率对风电场并网点线电压的调节能力不到 300V，这意味着窑坡山风电场的 SVG 对电网基本不具备调压能力。在这种情况下，若 AVC 系统只联动 SVG 是不可取的。②AVC 系统先联动 SVG，后联动风机。这种联动方式在其他省份的风电场应用的比较多。但经过分析和调研发现，它并不适合湖南这种山地式风电系统的现实状况，原因为虽然联动了风机，但对风机的无功资源并未充分挖掘；山地式风电场 SVG 装置受湿气影响较容易出现故障，从而影响到风电场可调度无功资源的稳定性和可靠性；单台 SVG 装机容量较大时（如桂东风电场 SVG 单机容量达到 18.4Mvar），它的额定感性/容性无功功率对风电场并网点线电压的调节能力可达到 4.5kV，这意味着当它在额定功率运行时，一旦发生故障停机，将给电网电压带来一个较大幅度的暂态变化过程，这个暂态电压变化过程可能会导致周边的小水电机组出现保护切机的现象，同时，也可能影响工业生产的正常运行。因此，有必要结合湖南风电场的具体情况，对 AVC 系统展开较深入的分析和研究，并在此基础上，提出一套适用于湖南山地式风电系统的 AVC 联动方式及控制策略，所提出的控制策略先联动风机（且风机的功率因数不受限），再联动 SVG 的 AVC 联动方式，并将所提控制策略应用于多个实际风电场中。

2.3.1 分散式风电场及其无功补偿设备

（1）风电场基本结构。风电场一次系统接线，如图 2-15 所示。风机（本文采用直驱型风机）经箱式变压器接入 35kV 母线，再经主站升压变压器将电能馈入电网；同时，35kV 母线还接有静止同步补偿器（SVG）、电容器组（FC）、站用变压器等设备。本项目提出的 AVC 系统联动方式主要涉及风机和 SVG 两种动态无功补偿设备，FC 作为静态无功补偿设备需根据电网的实际运行状况进行手动投切，因此，本章将主要围绕直驱型风机和 SVG 展开分析和研究。直驱型风电机组和 SVG 的基本工作原理如下所述。

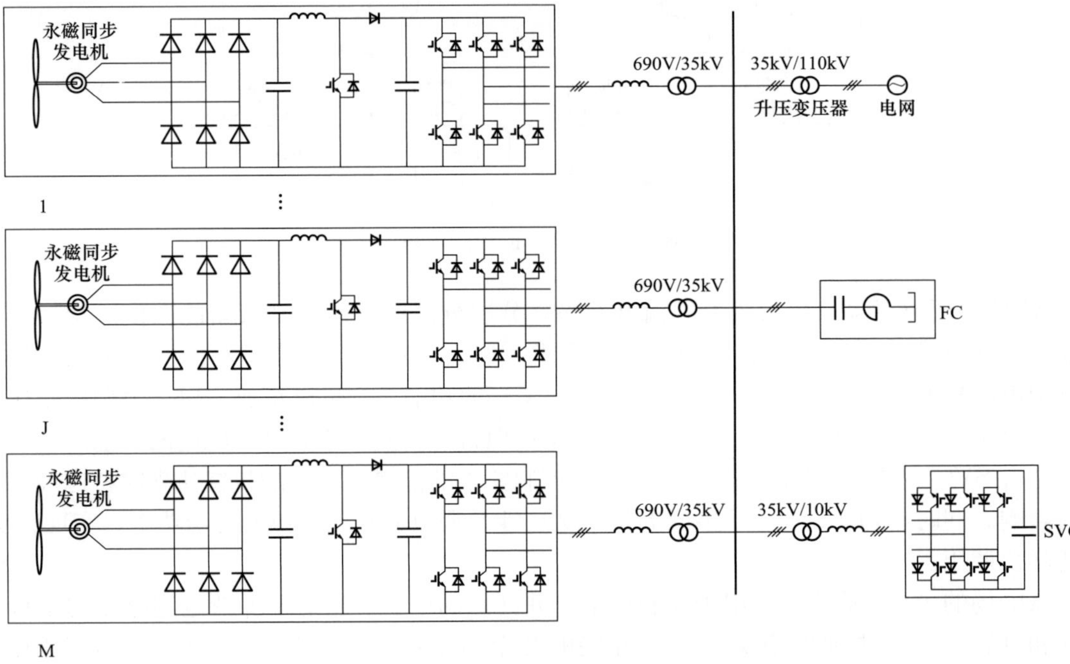

图 2-15 风电场一次系统接线

（2）直驱型风力发电系统基本原理。由于电力电子变换器拓扑结构的多样性，直驱型风力发电机组的能量变换系统可采用不同的拓扑结构，目前，比较常用的主要包括 Boost 斩波型直驱永磁风力发电系统和背靠背双 PWM 型直驱永磁风力发电系统，直驱型风力发电系统的拓扑结构，如图 2-16 所示。

Boost 斩波型直驱永磁风力发电系统的拓扑结构，如图 2-16（a）所示。该风电系统由风力机、永磁同步发电机、三相桥式不控整流电路、Boost 斩波电路、三相电压源型变换器构成。三相桥式不控整流电路和 Boost 斩波电路联合称为电机侧变换器；三相电压源型变换器称为电网侧变换器。风力机与永磁同步发电机直接连接，无需升速齿轮箱。首先，三相桥式不控整流桥将发电机发出的幅值、频率均变化的三相交流电转换为直流；其次，Boost 斩波器通过调节其输入电流控制发电机的负载转矩，从而实现对发电机转速的调节；最后，三相电压源型变换器将电机侧的输入功率转换为恒幅恒频的三相交流电并入电网。通过对电机

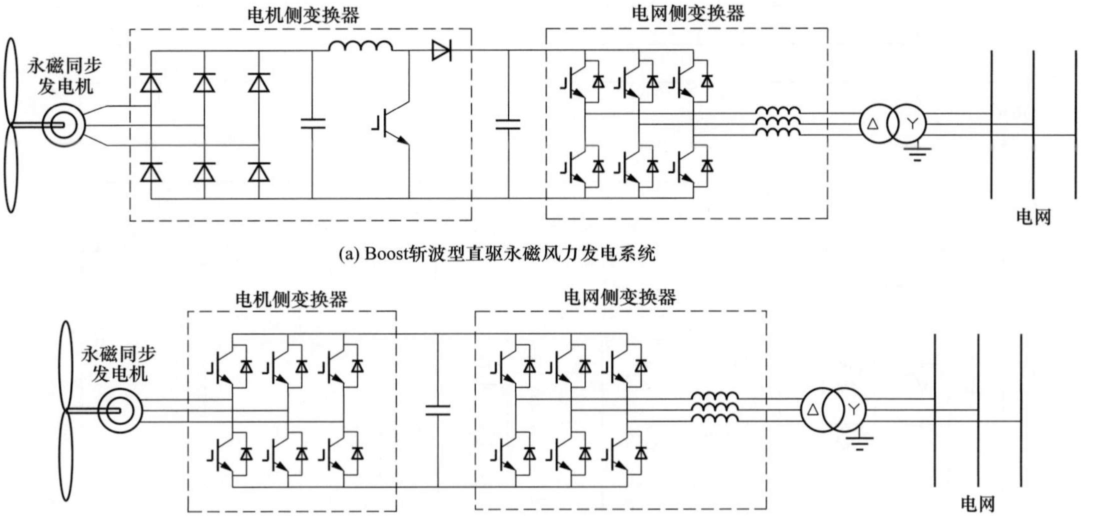

(a) Boost斩波型直驱永磁风力发电系统

(b) 背靠背双PWM型直驱永磁风力发电系统

图 2-16　直驱型风力发电系统的拓扑结构

侧变换器和电网侧变换器的有效控制，可实现风能的最大功率跟踪及系统有功功率和无功功率的独立控制。相比而言，背靠背双 PWM 型直驱永磁风力发电系统［如图 2-16（b）所示］的主要区别在于三相电压型变换器取代了三相桥式不控整流电路和 Boost 斩波电路，作为电机侧变换器，控制发电机的负载转矩，实现对发电机转速的调节。需要说明的是图 2-16 只给出了两种拓扑的最简形式，在实际应用中，为提高风力发电机组的容量，能量变换系统常采用多重并联结构。

由以上分析可知，Boost 斩波型直驱永磁风力发电系统的拓扑结构通过控制斩波器输入电流调节电机转矩，实现起来相对简单可靠，但由于采用三相不控整流，控制上无法实现电机转矩和磁链的解耦，同时，电机定子电流中的谐波含量也会偏大；而背靠背双 PWM 型直驱永磁风力发电系统的拓扑结构能实现对发电机的最大转矩、最小损耗、最大效率控制，该系统控制方法灵活，可有针对性地提高系统的运行特性。但是，该结构控制比较复杂，大功率开关器件数量较多，系统成本相对偏高。由于两种拓扑在控制性能、系统可靠性等方面各有所长，目前二者在直驱型风力发电机组中均有广泛应用。

（3）静止同步补偿器（SVG）系统基本原理。SVG 典型结构示意，如图 2-17 所示。静止同步补偿器（SVG）是利用门级可关断晶闸管（GTO）、绝缘门级双极型晶体管（IGBT）、集成门级换流晶闸管（IGCT）或注入增强栅晶体管（IEGT）等全控型电力电子开关器件组成电压源型逆变器，将逆变器经过电抗器或变压器并联接入电网，通过调节逆变器交流侧输出电压的幅值和相位，迅速吸收或发出所需要的无功功率，实现快速动态调节无功的目的。

SVG 系统运行的相量图，如图 2-18 所示。设 SVG 产生的相电压为 $\dot{U}$ ，电网相电压为 $\dot{U}_1$，连接电抗为 X ，则 SVG 输出的电流为

$$\dot{I} = \frac{\dot{U}_1 - \dot{U}_{11}}{jX} \tag{2-55}$$

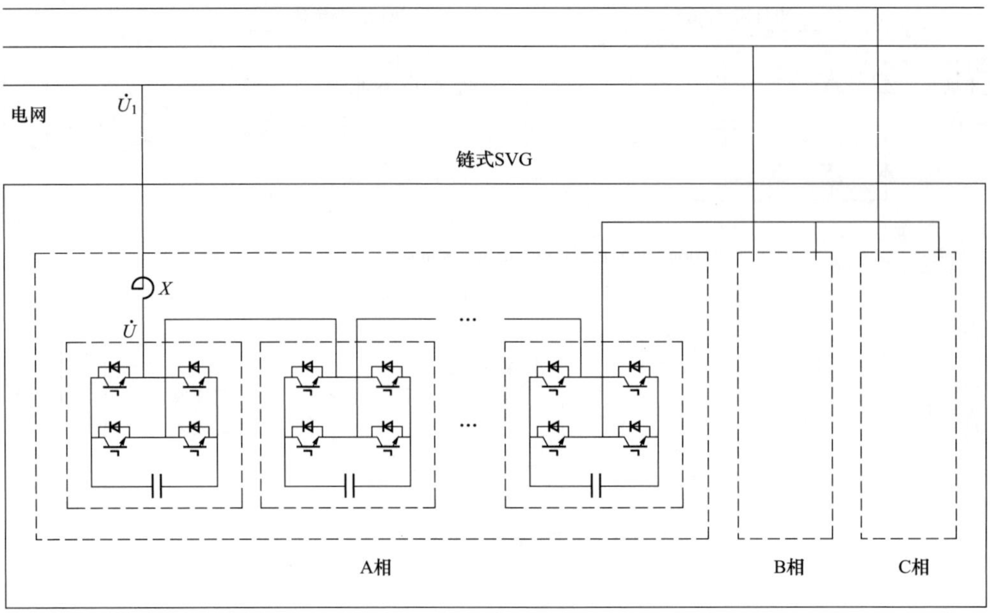

图 2-17　SVG 典型结构示意

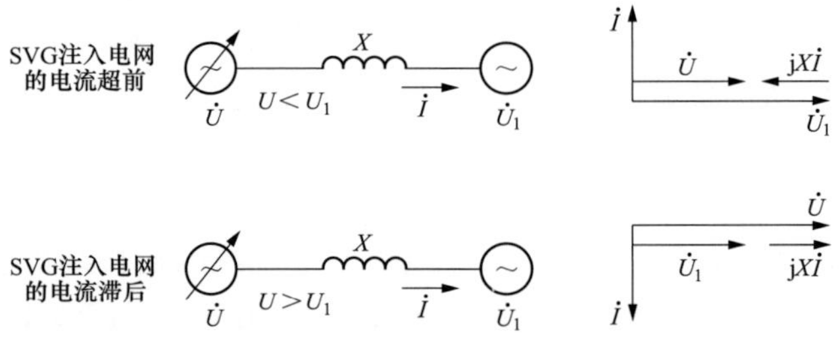

图 2-18　SVG 运行的相量图

因此，SVG 输出的单相复功率为

$$\widetilde{S}=\dot{U}_1\ \hat{\dot{I}}=\dot{U}_1\ \frac{\hat{\dot{U}}_1-\hat{\dot{U}}_{11}}{-\mathrm{j}X} \tag{2-56}$$

事实上，SVG 只吸收很小的有功功率，用于补偿直流电容和装置的有功损耗，因此，其产生的电压 $\dot{U}$ 与 $\dot{U}_1$ 电网电压的相位基本相同，从而它输出的单相无功功率为

$$Q=\mathrm{Im}(\widetilde{S})=\mathrm{Im}\left(\dot{U}_1\ \frac{\hat{\dot{U}}-\hat{\dot{U}}_1}{-\mathrm{j}X}\right)=\frac{U-U_1}{X}U_1 \tag{2-57}$$

当控制 SVG 产生的电压小于电网电压，即 $U<U_1$ 时，SVG 将从系统吸收无功功率，此时它相当于电感；当控制 SVG 产生的电压大于电网电压，即 $U>U_1$ 时，SVG 将向系统发出无功功率，此时它相当于电容。由于 SVG 产生的电压大小可以连续快速地控制，从而能够连续快速的调节其发出或吸收的无功功率。

2.3.2 分散式风电场无功电压控制策略

（1）AVC系统的控制策略。AVC系统控制策略，如图2-19所示。地市调控中心下发一个电压指令给AVC系统，AVC系统控制器一方面根据风电场并网点电压值和短路容量（或短路阻抗）可计算得到风电场总共需要输出/吸收的无功指令 Q^*；另一方面，根据风机数据采集和监测（SCADA）系统反馈的风机最大可调度无功容量，将 Q^* 优先分配给风机SCADA系统；若风机的无功容量不足，AVC系统控制器则将剩余需要补偿的无功指令发给SVG控制器，由SVG来进行补偿。风机SCADA系统控制器主要用于群控所有风机的有功功率和无功功率，它接收到AVC下发的无功指令后，将无功指令均分给已启动运行的风机电网侧DC/AC变换器控制系统。各风机的电网侧DC/AC变换器控制系统再根据SCADA系统控制器下发的无功指令，控制变换器开关器件（IGBT）的触发脉冲，调制输出需要发出/吸收的无功指令，从而使风电场的实际无功功率响应AVC下发的无功指令，最终实现风电场并网点电压跟踪调度电压指令的目的。

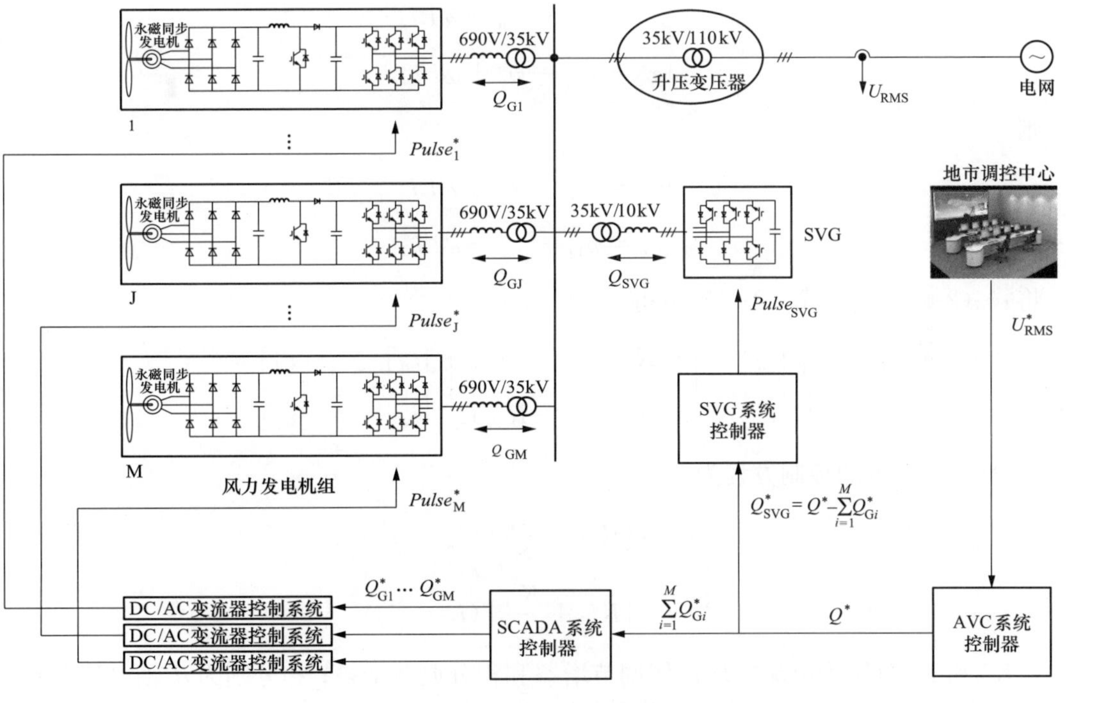

图2-19 AVC系统控制策略

（2）SVG变换器的控制策略。根据SVG的变流器在两相同步旋转坐标系（d，q）下的数学模型，可以列出以 i_d、i_q 为状态变量的状态方程为

$$\begin{cases} L\dfrac{\mathrm{d}i_d}{\mathrm{d}t} = -R_1 i_d + \omega L i_q + v_1 - v_d \\ L\dfrac{\mathrm{d}i_q}{\mathrm{d}t} = -R_1 i_q - \omega L i_d + v_1 - v_q \end{cases} \tag{2-58}$$

其相应的矩阵形式为

$$L\frac{\mathrm{d}}{\mathrm{d}t}\begin{bmatrix}i_d\\i_q\end{bmatrix}=\begin{bmatrix}-R_1 & \omega L\\-\omega L & -R_1\end{bmatrix}\begin{bmatrix}i_d\\i_q\end{bmatrix}+\begin{bmatrix}v_{1d}\\v_{1q}\end{bmatrix}-\begin{bmatrix}v_d\\v_q\end{bmatrix} \tag{2-59}$$

对等式两边取拉普拉斯变换可得

$$LS\begin{bmatrix}I_d(S)\\I_q(S)\end{bmatrix}=\begin{bmatrix}-R_1 & \omega L\\-\omega L & -R_1\end{bmatrix}\begin{bmatrix}I_d(S)\\I_q(S)\end{bmatrix}+\begin{bmatrix}V_{1d}(S)\\V_{1q}(S)\end{bmatrix}-\begin{bmatrix}V_d(S)\\V_q(S)\end{bmatrix} \tag{2-60}$$

本文采用基于两相同步旋转坐标系（d，q）的状态反馈解耦控制策略实现电流内环有功电流 i_d 和无功电流 i_q 的解耦控制，具体推导过程如下。

由式（2-59）整理可得

$$\frac{\mathrm{d}}{\mathrm{d}t}\begin{bmatrix}i_d\\i_q\end{bmatrix}=\begin{bmatrix}-R_1/L & 0\\0 & -R_1/L\end{bmatrix}\begin{bmatrix}i_d\\i_q\end{bmatrix}+\frac{1}{L}\begin{bmatrix}v_{1d}-v_d+\omega Li_q\\v_{1q}-v_q-\omega Li_d\end{bmatrix} \tag{2-61}$$

引入中间变量

$$\begin{cases}x_1=v_{1d}-v_d+\omega Li_q\\x_2=v_{1q}-v_q+\omega Li_d\end{cases} \tag{2-62}$$

则

$$\begin{cases}v_d=v_{1d}-x_1+\omega Li_q\\v_q=v_{1q}-x_2-\omega Li_d\end{cases} \tag{2-63}$$

将式（2-63）代入式（2-61）可得

$$\frac{\mathrm{d}}{\mathrm{d}t}\begin{bmatrix}i_d\\i_q\end{bmatrix}=\begin{bmatrix}-R_1/L & 0\\0 & -R_1/L\end{bmatrix}\begin{bmatrix}i_d\\i_q\end{bmatrix}+\frac{1}{L}\begin{bmatrix}x_1\\x_2\end{bmatrix} \tag{2-64}$$

若设计 x_1、x_2 的控制方程为

$$\begin{cases}x_1=\left(K_{\mathrm{iP}}+\dfrac{K_{\mathrm{iI}}}{S}\right)(i_d^*-i_d)\\x_2=\left(K_{\mathrm{iP}}+\dfrac{K_{\mathrm{iI}}}{S}\right)(i_q^*-i_q)\end{cases} \tag{2-65}$$

式中：K_{iP} 和 K_{iI} 分别为电流内环比例调节增益和积分调节增益；和分别为 d 轴电流 i_d 和 q 轴电流 i_q 指令值。

将式（2-65）代入式（2-64），并整理可得

$$\frac{\mathrm{d}}{\mathrm{d}t}\begin{bmatrix}i_d\\i_q\end{bmatrix}=\begin{bmatrix}-\left[R_1-\left(K_{\mathrm{iP}}+\dfrac{K_{\mathrm{iI}}}{S}\right)\right]\Big/L & 0\\0 & -\left[R_1-\left(K_{\mathrm{iP}}+\dfrac{K_{\mathrm{iI}}}{S}\right)\right]\Big/L\end{bmatrix}\begin{bmatrix}i_d\\i_q\end{bmatrix}-\frac{1}{L}\left(K_{\mathrm{iP}}+\frac{K_{\mathrm{iI}}}{S}\right)\begin{bmatrix}i_d^*\\i_q^*\end{bmatrix} \tag{2-66}$$

显然，式（2-66）表明：基于状态反馈的控制算法式（2-62）和式（2-64）使 SVG 的三相电压型变流器电流内环实现了解耦控制。SVG 的系统控制框图，如图 2-20 所示。图 2-20

中，电流的有功分量指令值是由 SVG 的直流母线电压 PI 控制器输出构成，其无功分量指令值则由 SVG 输出无功功率 PI 控制器输出构成。

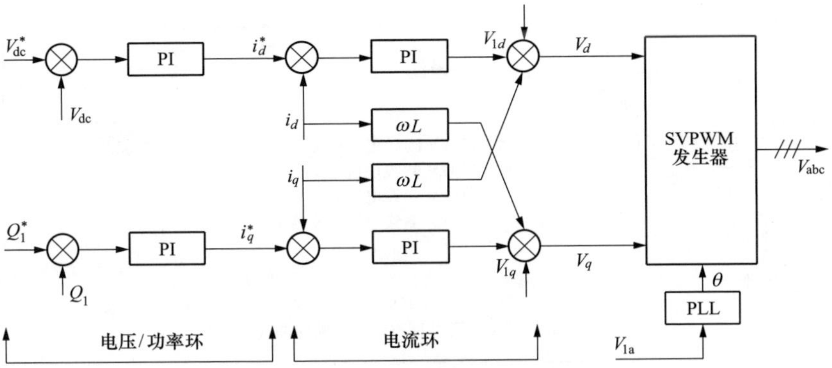

图 2-20 SVG 的系统控制框图

2.3.3 分散式山地风电电压调节能力与评估

（1）湖南 SY 风电场 AVC 系统的试验结果。

SY 风电场采用所提出的无功电压控制策略，优先调度风电机组的无功功率，其次再联动 SVG 的方式对风电场并网点电压进行调节。试验过程中风电场并网点电压指令按照 115kV→ 117kV→ 118kV→ 116kV 变化，数据采样频率为 10kHz。图 2-21 给出 SY 风电场电压调节能力测试期间风电场并网点实测线电压与功率响应曲线。

由图 2-21 可知，整个试验分为四个阶段：第 1 阶段，上级下达的线电压指令值为 115kV，为响应上级的电压指令，风电机群输出的无功为 5.8Mvar，SVG 处于热备用状态，输出无功功率基本为 0；第 2 阶段，上级下达的线电压指令值为 117kV，为响应上级的电压指令，风电机群输出的无功为 17.4Mvar，SVG 仍处于热备用状态，输出无功功率基本为 0；第 3 阶段，上级下达的线电压指令值为 118kV，为响应上级的电压指令，风电机群输出的无功为 21.5Mvar，此时风机的无功功率已达到最大值，SVG 将补偿剩余需要的无功，它输出的无功功率为 2.07Mvar；第 4 阶段，上级下达的线电压指令值为 116kV，由于电压参考指令的降低，因此风电场所需的无功指令也会随之降低；此时，SVG 将首先降低，其输出的无功功率基本降低至 0，风电机群输出的无功降低为 9.3Mvar。从以上 AVC 试验的联动过程来看，它基本达到了 AVC 系统设计的预期效果，即首先联动风机，充分利用风机的无功资源，其次，再联动 SVG，发挥它的补偿作用。

（2）湖南 BL 风电场 AVC 系统的试验结果。

试验过程中，风电场并网点电压指令按照 116kV→ 118kV→ 119kV→ 117kV 变化，数据采样频率为 10kHz。图 2-22 为风电场电压调节能力测试期间风电场并网点实测三相电压响应曲线，从图 2-22 中可看出，采用所提出的控制策略，BL 风电场能够很好地跟踪电网下达的电压指令值，四个试验阶段最大稳态控制误差仅为 0.85%（见表 2-2），表明湖南 BL 风电场 AVC 系统的控制效果是比较好的。

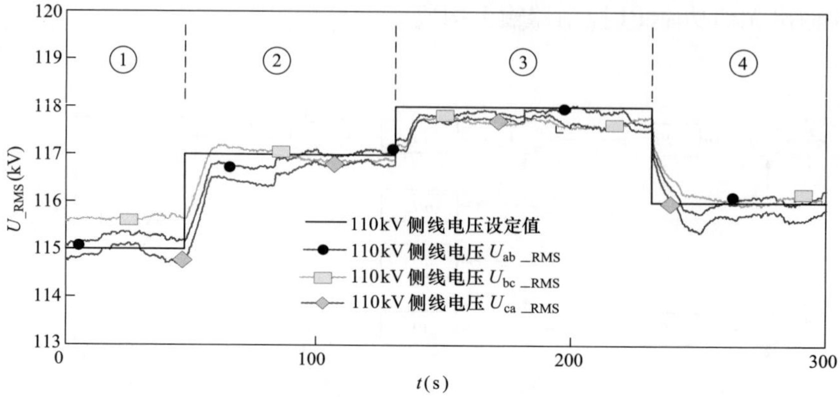

(a) SY风电场并网点线电压响应曲线

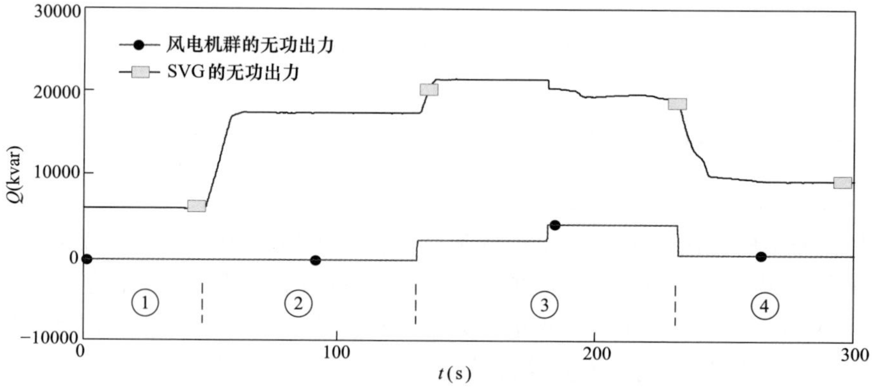

(b) SY风电场并网点线电压响应曲线

图 2-21　SY 风电场 AVC 试验期间并网点电压和无功功率响应曲线

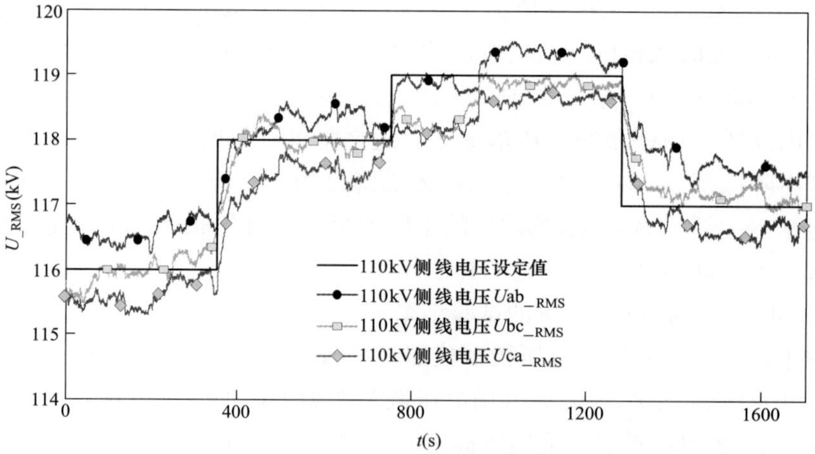

图 2-22　湖南 BL 风电场 AVC 试验期间并网点电压响应曲线

表 2-2 电压无功控制响应指标

电压设定值（kV）	电压控制响应时间（s）	无功控制响应时间（s）	稳态电压偏差（%）
当前运行点→116	—	—	0.83
116→118	337.9	22.3	0.67
118→119	281.5	11.5	0.45
119→117	355.6	148.1	0.85

图 2-23 为 BL 风电场电压调节能力测试期间有功功率与无功功率响应曲线，从图可知，风电场的有功功率约 5MW，不到风电场装机容量的 1/10，而风电场最大无功功率达到了 15Mvar（全部是风机发出的无功功率），这意味着，一方面风机在较小的有功功率下仍能输出/吸收较大的无功功率，另一方面风机能在低功率因数下保持正常运行，基本达到了设计的预期效果。

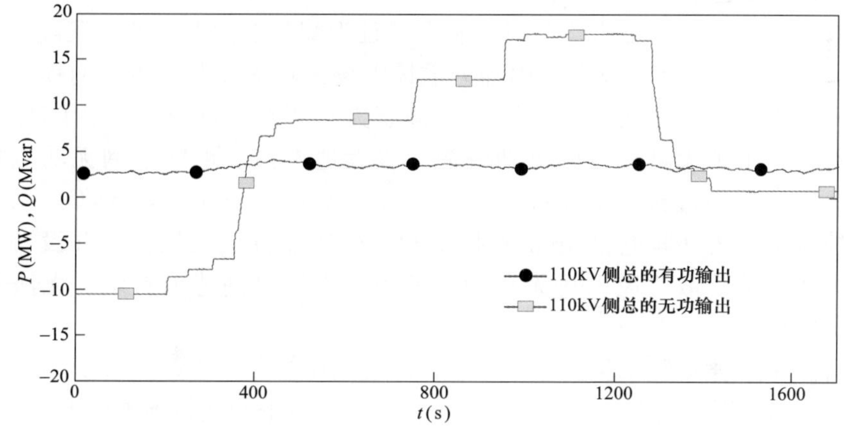

图 2-23 湖南 BL 风电场 AVC 试验期间并网点功率响应曲线

2.4 小 结

内陆分散式风电的间歇性与随机性会导致风电场电压波动，威胁到风电场安全稳定运行。由于内陆分散式风电场主要位于远离负荷中心的地区，所接入电网稳定性弱，规模化分散式风电并网对系统电压稳定性构成严重危险。本章介绍了分散式风电系统详细模型及其无功电压控制特性，详细讨论了提升地区电网电压稳定的分散式风电实用化控制技术，最后详细介绍了实用化电压控制技术在实际风电场的应用效果。实际案例应用效果表明，所采用的实用化电压控制技术能够充分利用分风电场的无功功率调节能力，主动支撑地区电网电压控制。

3 分散式风电支撑电网电压实用化技术及案例

我国南方内陆低速拥有大量的山地风电场和中小水电站，风水电装机容量占比超过60%。绝大部分中小水电站不具备无功自动调控能力，丰水、枯水无功出力差异巨大。而山地风电波动性较强，山区电网本地无功消纳能力有限。这些因素造成山区电网电压无功控制非常困难，电压合格率长期偏低，不到90%，网损率偏高，超过2.5%。电压合格率和网损率均远逊于负荷中心地区。

内陆分散风电场都具有无功动态调节能力，且为配合电网电压调控又配置了一定数量的SVG/SVC等动态无功补偿设备。内陆分散风电场无功输出调整带来的损耗与成本远小于电网通过开关类设备动作调整无功输出的静态无功资源。随着大量内陆分散风电场通接入地区电网，带来了大量优良的无功资源，极大地丰富了地区电网无功调控手段。目前地区电网电压控制通过自动电压控制（automatic voltage control，AVC）系统，传统控制策略只能控制电网内并联电容/电抗器投切和主变压器分接头挡位，并没有考虑风水灯无功资源，无法调动分散式风电场无功调节能力，支撑电网能力有限，无法有效地发挥这些无功资源的作用。

本章介绍一种在湖南邵阳地区电网应用的自动电压控制（AVC）实用化控制方法，该实用化控制方法基于邵阳地区电网实际现状与特点，考虑电网运行维护成本，充分发挥内陆分散风电场无功电压调控作用，在降低邵阳地区电网内无功补偿设备开关动作次数的基础上，实现了邵阳地区电网电压合格率的显著提升。

3.1 地区电网AVC系统设计架构

3.1.1 AVC系统控制目标与原则

（1）无功电压控制目标。AVC应用是主站自动化高级应用软件技术向闭环控制方向的拓展。电网调度控制中心主站系统SCADA及包括状态估计、在线潮流等在内的高级应用软件已达到实用化水平。电网自动化硬件水平发展已具备了进行实时数据采集和闭环控制的能力。通过完备的高速电力数据通信网络，利用主站系统的SCADA应用功能，可在控制中心采集包括母线电压、发电机出力、线路潮流、隔离开关位置等在内的实时信息，并可在控制中心远方完成发电机无功功率调整、电容电抗器投切、变压器分接头升降等遥控遥调操作。在EMS系统体系结构上，主站平台支持AVC应用子系统功能扩展，将为电压无功控制提供统一平台支撑软件。AVC应用是电网无功调度发展的最高阶段，为电网无功电压安全经济运行提供重要的技术支撑手段。

AVC系统主要控制目标如下。

1）确保电网安全稳定运行。

2）保证电压和关口功率因数合格。

3）尽可能减少线路无功传输、降低电网因不必要无功潮流引起的有功损耗；

对电网内各变电站有载调压装置和无功补偿设备进行集中监视、统一管理和在线控制，提高效率、减轻调压劳动强度，提高无功电压管理水平。

（2）无功电压控制原则。无功潮流分布理论上能够达到最优，可归结为无功最优潮流（optimal power flow，OPF）问题，但在一个实际复杂的电力系统中，OPF 却几乎不可能在线实现。首先，无功电压之间的非线性很强，OPF 算法收敛性得不到保证；其次，即使收敛性能够解决，OPF 的数据源——状态估计（state estimation，SE）结果正确性也无法保证；再次，OPF 对全网进行统一优化计算，不便考虑实际控制过程中的诸多工程问题，如电力系统数据不全或不同步，各种控制动作的时序，如何避免振荡等。因此，若将 OPF 计算结果直接用于大规模系统的实时控制，其可靠性不高，可操作性也不强。

从电力系统潮流物理意义进行分析，系统频率是衡量电力系统有功平衡的唯一指标，是全网统一的。相对而言，电力系统无功平衡影响系统电压质量，但是母线电压监测点数量多且分散、电压无功控制设备数量大，分布在不同层次的电网中。处于优化状态的电力系统无功潮流分布应满足高电压水平下分层分区平衡原则，即：

1）具备充足的无功电源，使电力系统运行在允许的高电压水平。

2）尽量做到各电压等级电网无功平衡，避免高压网输送无功功率过大，利于提高输电功率因数。

3）无功不宜长距离输送，各电压等级网络内部无功尽量分区甚至就地平衡，减少网络损耗，值得强调的是，该原则还表明，电压无功控制仅仅使无功在总量上达到平衡是远远不够的，必须使这种平衡最好就地或在尽可能小的范围内得到满足。

无功平衡的局域性和分散性决定了无功电压控制必须采取分层分区的空间解耦控制方案，并在时间上也进行解耦，使无功电压控制能够协调配合有序执行，避免控制产生电压无功波动或振荡。

3.1.2 系统控制架构

新型地调主站自动电压控制基于 OPEN3000 调度自动化系统平台一体化设计与实现，在进行系统控制策略和功能设计时，除了常规 AVC 系统的控制要求外，还需要考虑以下新能源场站控制技术要求。

（1）能够实现风电场/光伏电站并网点恒电压或无功功率闭环控制；

（2）能够实现包含风电场/光伏电站的区域中枢母线节点电压控制值的优化设定；

（3）能够充分发挥风电机组/光伏逆变器的无功调节能力；

（4）能够实现风电场/光伏电站无功电压的远方控制和就地控制。

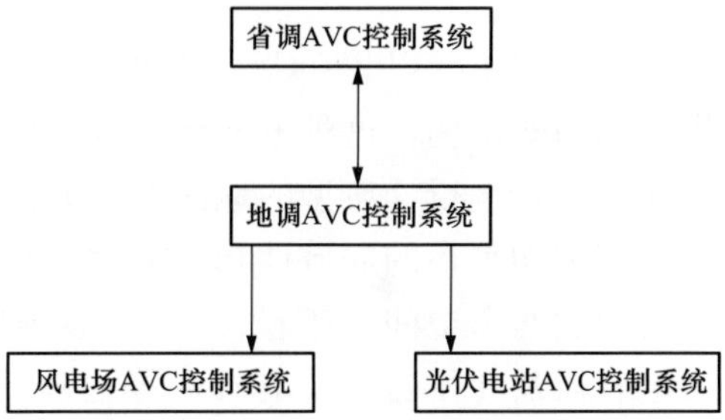

图 3-1　AVC 系统控制框架图

整体框架如图 3-1 所示。根据电压等级划分电压控制区，基于全网的无功优化目标函数，在确保稳定性指标和全网无功潮流最优的前提下，给出各控制区中枢母线节点电压幅值的设定参考值或联络线潮流信息。各中枢母线节点根据区域内可用无功控制设备，将区域无功需求分配到各无功控制设备，包括SVC设备、常规机组AVR、投切电容器以及风电场和光伏电站，设定无功控制设备的电压参考值/调整量，以保证中枢节点电压在设定值附近，控制响应时间在5min以内。

子站AVC控制系统能够接收来自地调AVC主站系统的指令，根据风电场或光伏电站内风电机组或光伏组件的运行情况及约束，在风电机组或光伏逆变器间进行电压指令分配，并将最终的分配指令下发给风电机组或光伏组件；将风电机组或光伏逆变器的无功调节情况进行汇总，并上送给控制子站AVC系统。

3.2 考虑风电无功电压调控的地区电网AVC控制技术

3.2.1 总体控制策略

电厂参与地区电网AVC全网一体化计算，自动调节其发出（或吸收）的无功功率，实现对并网点电压的控制，其调节速度和控制精度应满足电力系统电压调节的要求。风电场/光伏电站无功调节方式包括调节风电机组/光伏逆变器无功功率、调节电站集中补偿装置无功功率和调节变压器变比的方式。主要控制策略如下。

（1）采用成熟的全局优化，分层分区、就地平衡的无功控制原则。

（2）全网无功优化（ROPF）分析输出各区域枢纽点目标电压。

（3）将风电场/光伏电站控制划分到AVC控制区域，区域为某个220kV变电站的供电区域，参与区域无功电压优化。

（4）区域内以中枢点期望为目标，考虑节点电压约束，采用时序配合协调离散/连续变量进行区域无功电压优化控制。

（5）主站端根据各区无功调节能力及平衡情况，设定子站端并网点电压控制值（或功率因素），风电场/光伏电站子站端根据设定电压值，合理控制风电机组/光伏逆变器、集中无功补偿装置和变压器，使并网点电压满足控制要求。

（6）通过对风电场/光伏电站无功需求与可调节范围的预判断，调节电站并网点电压设定值，充分发挥风电机组/光伏阵列无功调节能力。

3.2.2 实时动态分区策略

地区电网主要以220kV为电源点，为下面若干个110/35kV变电站供电，形成分区、分片供电的网架结构，这种电网结构自然地形成了电压/无功的分区控制，且地区电网一般都是辐射状形式运行，典型的地区电网分区结构示意，如图3-2所示。

根据无功平衡的局域性和分散性，AVC对地区电网电压无功分层分区控制，使系统在决策与控制两个空间上解耦。AVC数据库模型定义了厂站、电压监测点（母线）、控制设备（电容器及变压器、发电机）等记录。运行时，AVC根据SCADA遥信信息，在线实时跟踪电网拓扑及运行方式的变化，进行动态分区并进行校验，防止因隔离开关位置错误或其他因素造成的分区错误。

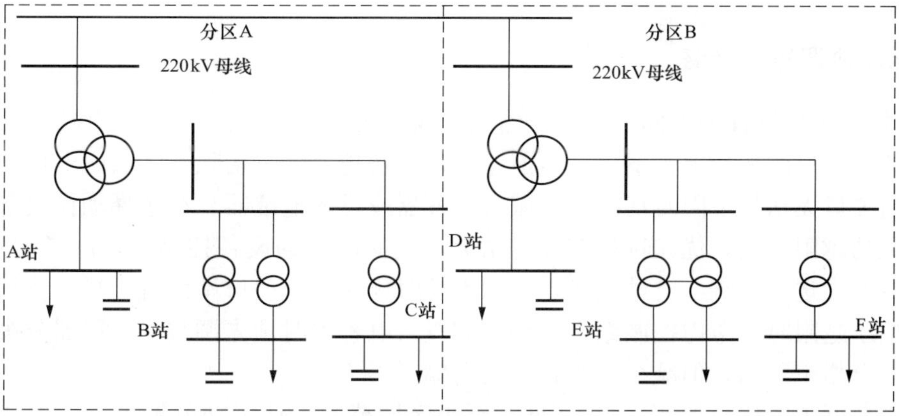

图 3-2 典型的地区电网分区结构示意

AVC 分层分区算法是根据实时网络拓扑及运行方式，以 220kV 枢纽变电站为中心，将整个电网分解成围绕 220kV 变电站的区域，区域间无功电压电气弱耦合，区域内强耦合，具体方法如下。

（1）在网络模型基础上，AVC 运行时根据 SCADA 遥信信息，进行网络拓扑分析，自动适应电网任意运行方式，包括：① 根据网络拓扑自动识别两绕组变压器和三绕组变压器是否并列运行，如两台三绕组变压器中低压侧只要任意一侧并联即可判断变压器并列运行；②根据网络拓扑自动的实时跟踪电网运行方式变化进行在线自适应分区，不仅能识别变电站的上下级供电关系，而且支持自适应区域嵌套划分，即可识别任意厂站之间、任意设备之间的拓扑关系；③根据母联开关的位置实时自动识别母线是否并列运行，自动识别站内多母线、多主变压器、多电容器之间的拓扑关系。

（2）以 220kV 主变压器或母线为枢纽点进行，分为独立的片网，各分区弱耦合，地区电网全网控制转换为分片区控制。

（3）分区具备容错校验。即动态分区通过遥信预处理自我校验，防止因隔离开关位置错误或其他因素造成的分区和连接关系错误。

3.2.3 电压校正控制策略

AVC 从地区电网整体潮流出发，以全网网损最小、各电压合格、调节设备动作次数最少为目标，可根据电网电压无功空间分布状态自动选择控制模式，优先顺序是“区域电压控制＞电压校正控制＞区域无功控制”，三种控制模式的相关信息，见表 3-1。

表 3-1　　三种控制模式的相关信息

控制模式	触发控制模式的场景	调节措施	目的
区域级控制：区域电压控制	分区内 110kV 母线电压普遍偏高或偏低	调整分区内 220kV 主变压器分接头	快速校正或优化群体电压，从全局角度降低动作次数
局部控制：电压校正控制	个别变电站电压、无功越限	电压优先，按九区图规则协调配合	保证单个节点电压合格
区域级控制：区域无功控制	220kV 变电站关口无功越限	调节分区内容抗器	保证分区内具有较好的无功水平

3.2.4 无功协调控制策略

AVC根据关口选择的不同（主变压器关口或母线关口），由关口当前有功和功率因数限值计算无功考核点的无功上、下限，当前，关口无功越上限时切除本区域内电抗器或投入电容器，当前关口无功越下限时切除本区域内电容器或投入电抗器。在选择动作设备时综合考虑变电站无功越限情况，优先选择与变电站无功同向越限的设备控制，其次考虑降损效果，增加无功时优先选择末端变电站设备，切除无功时优先选择关口站设备。投入或切除无功设备可能使电压越限时，考虑控制组合动作，如投入电容器时预先调整主变压器分头，使控制后电压仍在合格范围内，但减少了线路无功传输。

为实现全网无功优化控制，AVC可在更小区域范围内使无功就地平衡，即变电站级无功控制，为使用不同的运行情况，AVC除支持按照功率因数计算无功上、下限外，还支持其他不同的无功限值模式（如允许倒送无功），配置灵活简单。以变电站为单位，无功限制的四种模式，见表3-2。

表3-2　　无功限制的四种模式

序号	方法	说　明	备注
1	自动选择	优先采用功率因数计算法，在轻负荷时自动切换至电容容量折算法，通过有功低限门槛值来判断	默认方式
2	功率因数	通过功率因数限值与当前有功折算出无功控制限值	
3	电容容量折算	设定允许倒送本站最大电容容量的一定系数，设定最多允许吸收本站最大电容容量的一定系数	适用于轻负荷站
4	固定无功限值	人为设定一对固定的无功上、下限值	

3.2.5 连续/离散量协调策略

地调AVC主站基于地区辐射网调度运行特性和离散/连续无功源的无功电压特性，实现了区域内对连续量与离散量的无功协调，其主要思路如下。

（1）离散量和连续量动作限值区间不同。

离散量的控制限值范围为［V_{min}，V_{max}］，连续量的控制限值范围为［$V_{min}+\Delta V$，$V_{max}-\Delta V$］，其中ΔV为一个较小的限值死区，如图3-3所示。

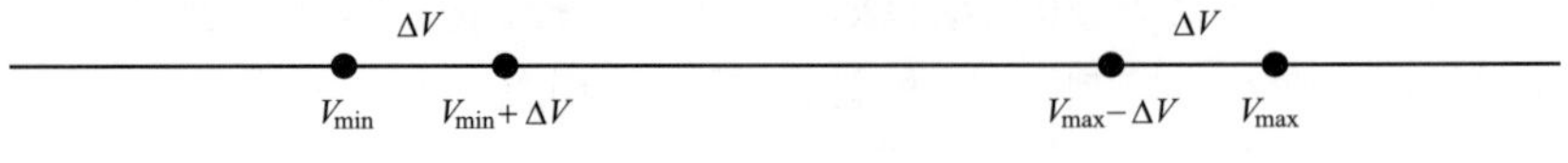

图3-3　离散量的控制限制范围

（2）优先启动离散量电压校正控制。

优先启动离散量电压校正控制，当离散量有控制策略时，计算离散量对连续量的无功影响ΔQ_c，修正连续量无功期望调整量为$Q_{ref}-\Delta Q_c$，重新计算电厂电压目标值进行下发。

分析其协调情况如下。

1）负荷发生峰谷转换限值范围修改或大扰动造成电压波动较大，母线电压运行点在

［V_{min}，V_{max}］之外区域，离散量优先动作进行调整，然后连续量进行后续的协调调整，离散量起到对负荷趋势和大扰动的无功支撑作用。

2）负荷小扰动情况下，母线电压运行点在（V_{min}，$V_{min}+\Delta V$）∪（$V_{max}-\Delta V$，V_{max}）区间，则连续量优先进入电压越限调整模式，能够启动降低离散量控制次数的作用，降低离散控制代价。

3.3　地区电网 AVC 系统开发

3.3.1　数据交互设计

AVC 系统采用两级控制架构，包含主站和子站。主站和子站的数据交互是 AVC 系统的基础，决定了 AVC 系统功能的实现。

（1）子站上送主站信息。

子站上送主站信息量主要包括“可用状态”“远方投入”“增无功闭锁”“减无功闭锁”等遥信信号，“可增无功容量”“可减无功容量”“目标返送值”等遥测信号。子站上送主站信号量说明见表 3-3。

表 3-3　　子站上送主站信号量说明

序号	类型	名称	说明
1	遥信	可用状态信号	1 表示 AVC 子站可用
2		远方投入信号	1 表示 AVC 子站可执行主站指令
3		增无功闭锁信号	1 表示不具备增无功能力（可选）
4		减无功闭锁信号	1 表示不具备减无功能力（可选）
5	遥测	可增无功容量	
6		可减无功容量	
7		目标返送值	

（2）主站向子站下传信息。

主站向子站下送信息主要包括“控制模式”“高压侧母线电压目标指令”“风电场发出无功功率目标指令”“风电场功率因素目标指令”和“控制模式”等信息，见表 3-4 所示。

表 3-4　　主站向子站下送信息

序号	名称	说明	备注
1	高压侧母线电压目标指令	采用目标循环码方式	
2	风电场发出无功功率目标指令		
3	风电场功率因素目标指令		
4	控制模式	0 为电压控制模式；1 为无功功率控制模式；2 为功率隐私控制模式	

主站下发命令采用电压目标指令，且经过循环码处理，说明如下。

1）主站 AVC 下发的是一个五位整型数，如 ABCDE。

2）首位 A：循环码，1，2，3，4，5 五个数字依次循环。

3）后四位 BCDE：扩大 10 倍后的电压目标值。如 21179，则为电压目标值 117.9kV。

（3）主站参数。

AVC 主站参数主要是“控制步长”和“控制死区”，控制步长设置为 0.8kV；控制死区设置为 0.2kV。

3.3.2 系统模型维护模块设计

（1）模型维护。

按照常规模型维护方式，AVC 系统需要具备发电场站图绘制，参数录入，节点入库，PAS 的模型验证和 AVC 模型更新功能。在进行保护信号闭锁设备关联时，进入 SCADA 应用下的保护节点表，将表中关联闭锁记录字段“AVC 相关设备 1”关联相关设备即可。

在进行 AVC 模型更新时，AVC 将根据保护节点表中的“保护关联”生成 AVC 保护信号表，并拷贝 PAS 模型。完成设备保护关联和 PAS 建模后，方可进行 AVC 建模。

上述模型维护在邵阳 AVC 系统中实施，通过 AVC 主画面点击“模型更新”功能按钮，即可进入模型维护界面，界面如图 3-4 所示。

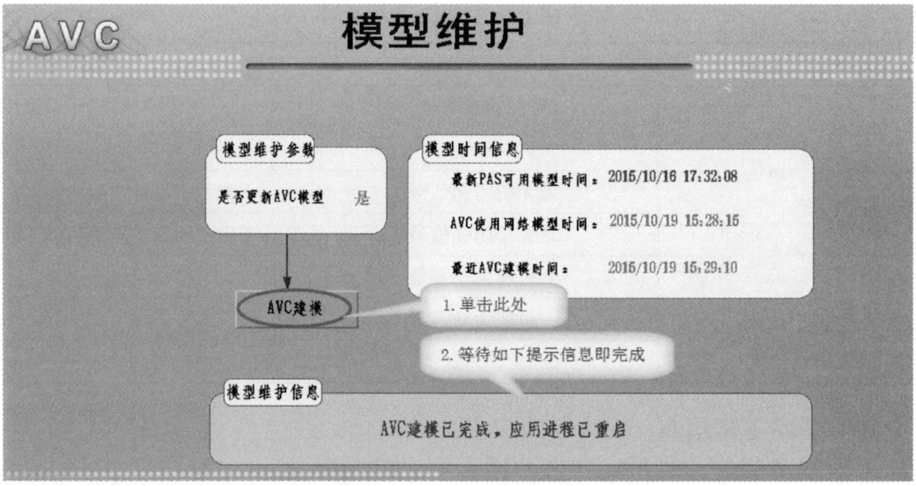

图 3-4 模型维护界面

（2）三遥信息测点定义。

为了完成地区电网电压的闭环控制，需要完成上、下行数据交互。根据数据交互规定，需要定义相关的遥信、遥测、遥调测点，如表 3-5 所示。

（3）AVC 电厂控制器维护。

为了实现对风电场和水电站的控制，维护增加风电场和小水电站的控制器维护功能。这一功能只需进入数据库 dbi，并在其 PAS _ AVC 应用“AVC 电厂控制器表”中增加风电场控制器记即可实现。AVC 电厂控制器表需要增加的详细信息字段见表 3-6，风电场场站和小水电站控制器维护界面如图 3-5 所示。

表 3-5　　三遥测点定义表

序号	类型	测点名称	数据库表	备注
1	遥信	AVC 远方投入	SCADA 测点遥信信息表	在前置中定义相应的通信参数
2		AVC 投入状态		
3		增无功闭锁（可选）		
4		减无功闭锁（可选）		
5	遥测	无功上调节裕度	SCADA 测点遥测信息表	
6		无功下调节裕度		
7		目标返送值		
8		电压目标值		
9	遥调	使用检索器拖入定义的“电压目标值”实测值域	SCADA 遥调定义表	定义遥调点号

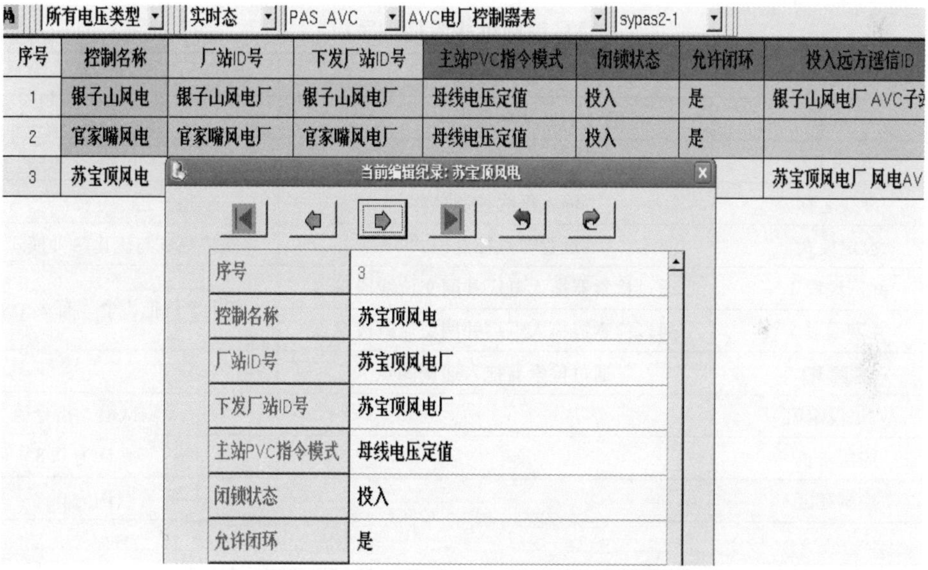

图 3-5　风电场场站和小水电站控制器维护界面

表 3-6　　AVC 电厂控制器表信息字段

序号	字段	录入方式	值
1	控制名称	输入一个名称，便于区分	例如，银子山风电
2	厂站 ID 号	通过下拉菜单选择电厂厂站	
3	下发厂站 ID 号	通过下拉菜单选择遥调厂站	一般与厂站 ID 一致，支持区分下发至电厂 AVC 独立通道的方式
4	PVC 指令模式	通过菜单选择	有“母线电压定值”和“母线电压编码”两种方式
5	运行闭环	通过菜单选择	设置电厂开环/闭环
6	投入远方遥信 ID	通过检索器拖入遥信点	

续表

序号	字段	录入方式	值
7	子站闭环 ID	通过检索器拖入遥信点	
8	上调节裕度 ID	通过检索器拖入遥测点	
9	下调节裕度 ID	通过检索器拖入遥测点	
10	上调节闭锁 ID	通过检索器拖入遥信点	可选
11	下调节闭锁 ID	通过检索器拖入遥信点	可选

（4）AVC 控制母线维护。

风电场参与地区电网无功电压控制具体通过控制其并网母线电压来实现，需要在数据库 dbi 的 PAS _ AVC 应用“AVC 控制母线表”中，增加电厂控制母线记录，并与所属电厂控制器建立关联。AVC 控制母线表需要增加风电场母线控制详细信息字段见表 3-7，风电场场站和小水电站控制母线维护界面如图 3-6 所示。

表 3-7　　AVC 控制母线表详细字段

序号	字段	录入方式	值
1	厂站 ID	通过下拉菜单选择电厂厂站	
2	母线 ID	通过下拉菜单选择电厂高压侧母线	
3	母线名称	输入母线控制名称	
4	设定模式	设置节点控制模式	支持测试与优化两种模式
5	并网线段 1	通过检索器拖入电厂并网交流线段端点	有 1 个就拖 1 个，有 2 个就拖 2 个
6	并网线段 2	通过检索器拖入电厂并网交流线段端点	
7	遥调 ID	通过检索器拖入遥调测点	
8	人工设定值		测试模式指令值
9	控制步长		默认为 0.8
10	控制死区		默认为 0.2

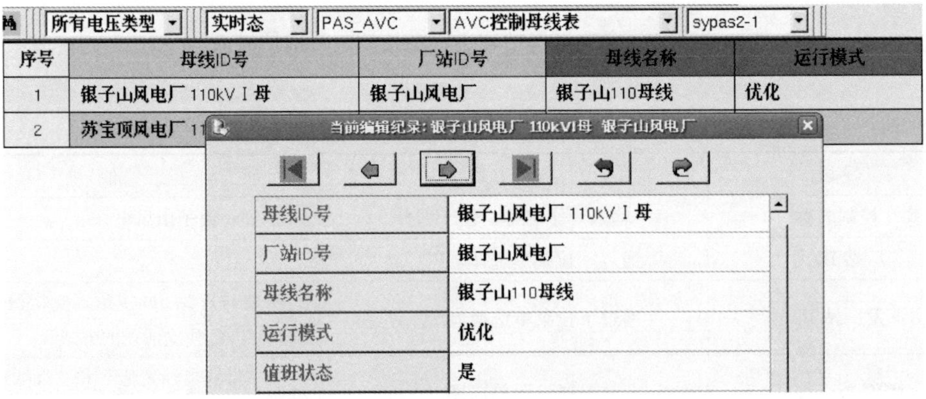

图 3-6　风电场场站和小水电站控制母线维护界面

（5）等值机组表维护。

由于在PAS建模中将电厂主变压器设置为终端变压器，导致模型中未能有机组模型，故采用将电厂高压侧母线做等值机组的方式进行配置为等值机组，从而能够正常进行灵敏度及无功优化的分析计算。等值机组维护表详细信息字段见表3-8，风电场场站和小水电站等值机组表维护界面如图3-7所示。

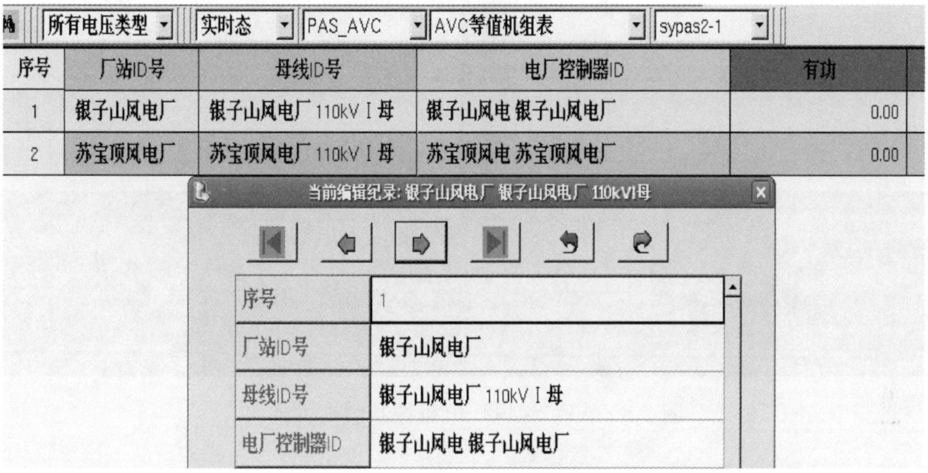

图3-7 风电场场站和小水电站等值机组表维护界面

表3-8 等值机组维护表详细信息字段

序号	字段	录入方式	值
1	厂站ID	通过下拉菜单选择电厂厂站	
2	母线ID	通过下拉菜单选择电厂高压侧母线	
3	电厂控制器ID	通过下拉菜单选择所属厂站	

(6) 日常模式切换。

1) 开闭环切换。数据库PAS_AVC应用AVC电厂控制器表中修改“允许闭环”字段进行切换。

2) 运行模式修改。数据库PAS_AVC应用AVC控制母线表中修改“设定模式”字段进行选择。

3.3.3 系统界面设计

(1) 主界面。

邵阳地调自动电压控制AVC系统部署在调度自动化系统平台OPEN3000，AVC系统控制对象是风电场/光伏电厂的高压或低压汇集母线，通过对电厂上送的电网数据进行监视和分析计算，发出控制对象的电压目标值。

通过AVC主画面，点击“风电控制”按钮，可进入AVC风电厂电压控制监视主画面（如图3-8所示），列出当前接入AVC控制的风电厂一览表。

(2) 风电场详细监控界面。

风电场详细监控界面主要展示实时/目标电压值与曲线、开/闭环状态、电压控制信息和

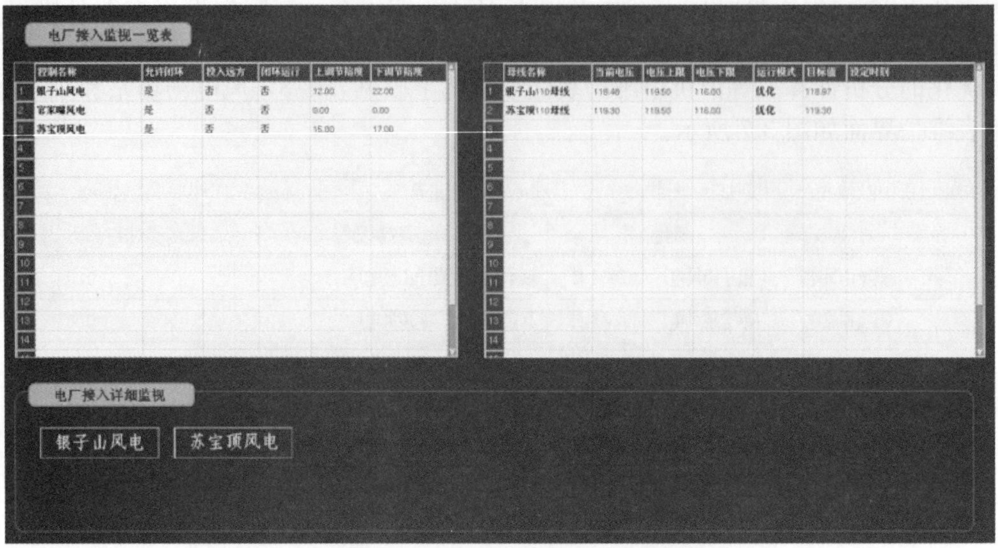

图 3-8　AVC 风电厂电压控制监视主画面

运行模式等信息。点击接入“详细监视”中的某个电厂按钮，可进入某个风电厂的 AVC 运行控制的详细监视信息，如图 3-9 所示。

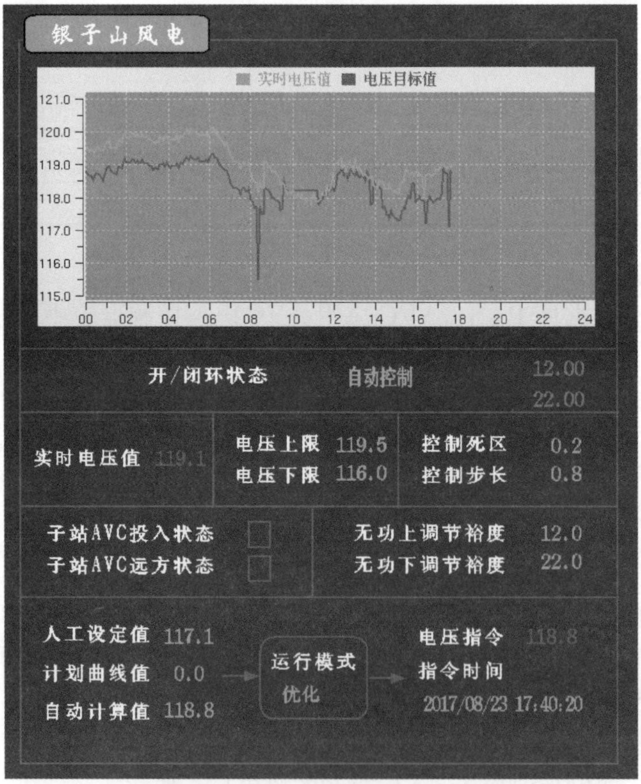

图 3-9　某个风电厂的 AVC 运行控制的详细监视信息

3.4 风电接入电网AVC系统实证应用

3.4.1 实际算例概况

湖南省西、南部山区，风电与水电资源密集区重叠，当地中、小型水电站众多，本地负荷水平不高，随着风电场的陆续并网发电，电网电压长期过高，无功消纳问题更加突出，风、水电等发电资源纳入地区电网AVC系统势在必行。针对湖南电网实际情况，选取电压、无功问题最突出的邵阳地区作为试点地区。

通过调研、测试、调试，从2017年6～11月，分两批次完成了宝莲、风雨殿、牛排山、望云山、苏宝顶、银子山、官家嘴等7座风电场和白云水电站接入邵阳地区调控AVC系统。邵阳地区除南山风电场（预计2019年接入）外全部已并网风电场和具备机组无功自动分配能力的水电站均已接入地调AVC系统。邵阳地区覆盖7座风电场、1座水电站、跨网源两侧的电压无功自动调控体系已建立。邵阳地区接入电网AVC系统的风、水电站，见表3-9。

表3-9　邵阳地区接入电网AVC系统的风、水电站

序号	电厂名称	装机容量	接入变电站名称	接入线路名称
1	宝莲风电场	50MW	110kV六都寨变电站	宝六线
2	牛排山风电场	66MW	220kV儒林变电站	南牛儒线
3	望云山风电场	50MW	110kV巨口铺变电站	望巨线
4	苏宝顶风电场	150MW	110kV月溪变电站	苏月线
5	银子山风电场	50MW	110kV武阳变电站	银武线
6	官家嘴风电场	100MW	110kV佘田桥变电站	官佘线
7	风雨殿风电场	100MW	110kV水庙变电站	风水线
8	白云水电站	54MW	110kV八角亭变电站 110kV茅坪变电站	白八线/白茅线

3.4.2 AVC子站系统功能现场测试

各风、水电站作为AVC子站系统，在其接入电网AVC主站前，需对子站系统开展开、闭环测试，以及电站与调控主站的联调实验，确定该电站AVC子站系统技术指标和控制效果满足国网湖南省电力有限公司调度控制中心对新能源发电站无功功率和电压调控的要求，并保证该电站接入电网AVC系统后可安全稳定运行。

下文以宝莲风电场为例，介绍其自动电压控制（AVC）子站具体测试情况。

（1）接口测试。

检验宝莲风电场AVC子站系统与电站各监控系统信息交互是否正确。

1）新能源机组监控接口测试。

a. 测试目的：验证AVC子站系统与新能源机组监控系统的数据交互正确，且机组可正常执行AVC子站系统指令。

b. 测试方法如下。

(a) 确认 AVC 子站系统的遥调命令正确下发到机组监控系统，并确认机组监控系统正确动作实发值与设定值一致。

(b) 在 AVC 子站系统界面查看相关的遥信、遥测数值是否正确显示。

(c) 逐个验证所有遥测、遥信信息，确保所有输入输出配置正确无误。

(d) 验证 AVC 子站系统可将无功正确分配给各个机组/机群，并能正确收到机组/机群的返回无功值和实发无功值。

c. 测试结果：机组监控与 AVC 交互信息检查结果，见表 3-10。

表 3-10　　机组监控与 AVC 交互信息检查结果

名称	量纲	说明	结果
无功设定值	Mvar	遥调	正确
无功设定返回值	Mvar	遥测，和上面的遥调配套，形成闭环	正确
无功实测值	Mvar	遥测	正确
无功可调上限	Mvar	遥测	正确
无功可调下限	Mvar	遥测	正确
机组/机群运行状态		遥测，不同数值代表不同状态	正确
机组/机群所接母线电压	kV	遥测	正确
机组/机群所接母线无功	Mvar	遥测	正确
机组/机群开关电流	kA	遥测	正确
机组/机群出线开关位置	0，1	遥信	正确
机组/机群出线隔离开关位置	0，1	遥信	正确
闭锁控制信号（包括运行状态、故障信号、本地/远方控制状态等遥信）	0，1	总闭锁信号，若该信号为1，则闭锁该机组/机群的自动控制	正确

d. 测试结论：AVC 子站系统与新能源机组监控系统的数据交互正确，机组可正常执行 AVC 子站系统指令。

2）SVG/SVC 接口测试。

a. 测试目的：验证 AVC 子站系统与 SVG/SVC 系统的数据交互正确。

b. 测试方法如下。

(a) 确认 AVC 的遥调命令正确下发到 SVG/SVC，并且 SVG/SVC 能正确动作实发值与设定值一致。

(b) 在 AVC 界面查看相关的遥信、遥测数值是否正确显示。

(c) 逐个验证所有遥调、遥测、遥信，确保所有输入输出配置正确无误。

(d) 验证 SVG/SVC 对 AVC 子站系统控制指令的响应，并能正确收到 SVG/SVC 的返回无功值和实发无功值。

c. 测试内容：SVG/SVC 与 AVC 交互信息检查结果，见表 3-11。

表 3-11　　SVG/SVC 与 AVC 交互信息检查结果

名称	量纲	说明	结果
无功指令值	Mvar	遥调	正确
系统电压设值	kV	遥调，跟踪的是高压侧母线电压	正确
无功设定返回值	Mvar	遥测，和上面的遥调配套，形成闭环	正确
系统电压设定返回值	kV	遥测，和上面的遥调配套，形成闭环	正确
SVG/SVC 无功输出值	Mvar	遥测	正确
无功可调上限	Mvar	遥测	正确
无功可调下限	Mvar	遥测	正确
SVG/SVC 运行状态		遥测，不同数值代表不同状态	正确
SVG/SVC 所接母线电压	kV	遥测	正确
SVG/SVC 所接母线无功（针对有电容器的情况）	Mvar	遥测	正确
SVG/SVC 开关电流	kA	遥测	正确
SVG/SVC 出线开关位置	0，1	遥信	正确
SVG/SVC 出线隔离开关位置	0，1	遥信	正确
电容器出线隔离开关位置	0，1	遥信	正确
闭锁控制信号（包括运行状态、故障信号、本地/远方控制状态等遥信）	0，1	总闭锁信号，若该信号为 1，则闭锁该 SVG/SVC 的自动控制	正确

d. 测试结论：AVC 子站系统与 SVG/SVC 系统的数据交互正确，SVG/SVC 可正常执行 AVC 子站系统指令。

3）综自接口测试。

a. 测试目的：验证综自系统与 AVC 子站系统的数据交互正确。

b. 测试方法如下。

(a) 在 AVC 界面查看相关的遥信、遥测数值是否正确刷新。

(b) 逐个验证所有遥测、遥信，确保所有输入输出配置正确无误。

c. 测试内容：综自系统与 AVC 交互信息检查结果（举例），见表 3-12。

表 3-12　　综自系统与 AVC 交互信息检查结果（举例）

名称	量纲	说明	结果
电站并网点电压值	kV	遥测，表示整个电站并网点电压，也即 AVC 的控制目标	正确
电站总输出无功	Mvar	遥测，表示整个电站并网输出无功值	正确

d. 测试结论：综自系统与AVC子站系统的数据交互正确。

（2）AVC逻辑校验。

按表3-13逐一校验AVC子站系统控制逻辑。AVC逻辑校验结果，见表3-13。

表3-13　AVC逻辑校验结果

测试项目	测试目标	测试方法	测试结果
AVC投入/退出压板测试	退出AVC功能压板，闭锁AVC自动调节功能	投入、退出AVC压板	正确
AVC调节启动判别测试	实际母线电压与电压目标值的差值大于死区值，则启动AVC调节；实际母线电压与电压目标值的差值小于死区值，则不做AVC调节	人为改变电压控制目标的数值	正确
SVG投入/退出AVC调节功能	若SVG投入AVC调节软压板，则该SVG参与AVC调节； 若SVG退出AVC调节软压板，则该SVG不参与AVC调节	投退SVG的AVC调节软压板	正确
SVG闭锁测试	SVG上送闭锁信号，则该SVG不参与AVC调节	人为模拟SVG上送闭锁信号	正确
SVG通信中断闭锁测试	若SVG与AVC系统通信中断，则该SVG不参与AVC调节	人为模拟SVG通信中断	正确
机组投入/退出AVC调节功能	若机组投入AVC调节软压板，则该机组参与AVC调节；若机组退出AVC调节软压板，则该机组不参与AVC调节	投退机组AVC调节软压板	正确
机组闭锁测试	机组上送闭锁信号，则该机组不参与AVC调节	人为模拟机组上送闭锁信号	正确
机组通信中断闭锁测试	若机组与AVC系统通信中断，则该机组不参与AVC调节	人为模拟机组通信中断	正确
AVC调节优先级测试	测试AVC各类调节模式（机组优先、SVG优先、均分无功等）功能是否正常	人为调节目标电压。记录比较机组、SVG无功变化情况，避免同35kV母线上机组与SVG之间无功环流，主变压器之间避免无功环流。不同SVG之间无功应保持平衡（按容量百分比）	正确

测试结论：AVC子站系统控制逻辑正确。

（3）异常工况安全措施测试。

开展异常工况安全措施测试，异常工况安全措施测试结果，见表3-14。

表3-14　异常工况安全措施测试结果

测试项目	测试方式	测试结果
通信中断	模拟与省调主站通信中断，半分钟以内通道中断不会退出远方控制，超过1min，退出远方	正确
设备保护、安控装置动作	触发保护信号即退出AVC功能	正确
异常指令测试	循环编码逻辑测试，错误指令闭锁，多次指令错误退出AVC功能	正确

续表

测试项目	测试方式	测试结果
电压越安全限值	模拟电压越安全上、下限，退出 AVC 功能	正确
下发指令时间超时	超过 16min 未收到主站指令，退出远方	正确
AVC 系统主备机切换	主备机正常切换，模拟 AVC 死机，退出 AVC 功能，重新启动后恢复	正确
模拟母线电压或无功坏数据	退出 AVC 功能	正确
站内四个系统之间交互数据是否一致	不一致退出 AVC 功能	正确

测试结论：异常工况安全措施均满足要求。

(4) 与调控主站 AVC 系统联调。

1) 调度 AVC 主站系统接口调试。

a. 测试目的：验证调度 AVC 主站系统与 AVC 子站系统的数据交互正确。

b. 测试方法如下。

(a) 在 AVC 界面查看相关的遥信、遥测数值是否正确刷新。

(b) 必须所有遥调、遥测、遥信逐个验证，确保所有输入输出配置正确无误。

c. 测试内容：调度 AVC 主站系统与 AVC 子站系统交互信息检查结果（举例），见表 3-15。

表 3-15　调度 AVC 主站系统与 AVC 子站系统交互信息检查结果（举例）

名称	量纲	说明	结果
AVC 控制目标指令（电压）	kV	遥调	正确
电站总输出无功	Mvar	遥测、数据来自综自系统	正确
电站可增加无功容量	Mvar	遥测	正确
电站可减少无功容量	Mvar	遥测	正确
电站并网母线电压	kV	遥测	正确
AVC 控制目标指令返回值（电压）	kV	遥测，和上面的遥调配套，形成闭环	正确
AVC 子站远方投入/退出	0，1	遥控	正确
AVC 子站就地远方状态	0，1	遥信	正确
AVC 子站投入/退出	0，1	遥信	正确
AVC 子站增闭锁	0，1	遥信	正确
AVC 子站减闭锁	0，1	遥信	正确

d. 测试结论：AVC 子站系统与调度 AVC 主站系统的数据交互正确。

2) 远程投/退电站 AVC 子站系统逻辑校验。按表 3-16 校验远程投/退电站 AVC 子站系统逻辑，远程投/退电站 AVC 子站系统结果，见表 3-16。

表 3-16　　远程投/退电站 AVC 子站系统结果

测试项目	测试目标	测试方法	测试结果
AVC 投入/退出压板测试	退出 AVC 功能压板，闭锁 AVC 自动调节功能	调度下发指令投入、退出 AVC 压板	正确

测试结论：远程投/退电站 AVC 子站系统逻辑正确。

3）AVC 效果测试（电压控制）。

a. 测试目的：测试联调电压控制模式情况下，AVC 子站系统性能。

b. 测试方法如下。

（a）投入 AVC 远方状态压板，AVC 功能投入压板，所有机组及 SVG 的 AVC 功能压板投入，退出 AVC 开环压板。

（b）调度主站下发全站电压目标值，每个目标值保持时间约为 5min。

（c）观察 AVC 系统跟踪目标值的及时和稳定性。

c. 测试结果：AVC 效果测试结果，见表 3-17。

表 3-17　　AVC 效果测试结果　　（Mvar）

名称	AVC 控制目标指令（数据来自 AVC 主站系统）	并网电压实测值（数据来自 AVC 子站系统）	偏差
第一组数据	−2	−1.8	0.2
第二组数据	−1	−0.9	0.1
第三组数据	0	0.1	0.1
第四组数据	1	1.2	0.2
第五组数据	2	2.3	0.3
第六组数据	3	3.2	0.2

对宝莲风电场 AVC 子站系统开展了开、闭环测试，以及电站与调控主站的联调实验。实验结果表明，该电站 AVC 子站系统技术指标和控制效果满足国网湖南省电力有限公司调度控制中心对新能源发电站无功功率和电压调控的要求，该电站接入电网 AVC 系统后可安全稳定运行。

3.4.3　试点应用效果

所开发地区电网新能源无功电压协调控制软件，在试点地区（邵阳地区）与现有的 AVC 系统（南瑞科技 OPEN3000）集成。2017 年年底邵阳地区宝莲、风雨殿、牛排山、望云山、苏宝顶、银子山、官家嘴等 7 座风电场和白云水电站接入 AVC 系统后，开展所研究的成果在邵阳地区开展试运行，取得显著成效。

（1）10kV 母线电压合格率。

从 2017 年 7 月，第一批风电场完成接入地调 AVC 系统工作，项目试点运行同步开展。2017 年 11 月第二批风、水电站完成接入地调 AVC 系统工作。表 3-18 为邵阳地区 2017 年和 2018 年 1—9 月 10kV 母线电压合格率。

表 3-18 邵阳地区 10kV 母线电压合格率 (%)

年份	2017		2018	
区域	城网	农网	城网	农网
1月	95.34	75.233	98.718	92.297
2月	94.33	73.22	96.981	83.207
3月	95.35	74.35	98.653	89.659
4月	94.85	71.507	98.934	93.881
5月	97.132	76.207	99.526	93.84
6月	96.644	73.799	99.502	92.93
7月	96.512	76.653	99.757	94.786
8月	98.027	83.792	99.914	95.657
9月	99.513	87.273	99.695	93.235
10月	99.127	93.193		
11月	98.586	93.887		
12月	99.344	93.974		

由表 3-18 可见，邵阳地区 2017 年 1-7 月城网电压合格率最高仅为 97.132%，最低达到为 94.33%，农网电压合格率最高仅为 76.653%，最低达到为 71.507%；2017 年 8 月—2018 年 9 月城、农网电压合格率大幅度提升，城网电压合格率最高达到为 99.914%，最低为 96.981%，农网电压合格率最高为 95.657%，最低仅为 83.207%。

2017 年总电压合格率为 89.076%，2018 年至今总电压合格率为 95.34%。其中农网 A 类电压合格率明显提高，从 2017 年的 81.09%提高至 2018 年的 93.165%，提高 9.8%。

可见本项目成果的试点运行，对邵阳地区 10kV 母线电压合格率特别是农网电压合格率的提升明显。

(2) 220kV 母线电压合格率。

2017～2018 年，除儒林变电站、元宝变电站外，邵阳地区其余 220kV 母线电压合格率均为 100%。对比项目成果试点运行前后，儒林变电站、元宝变电站电压合格率情况，如表 3-19 所示。

表 3-19 邵阳地区儒林变电站、元宝变电站 220kV 母线电压

变电站	儒林变		元宝变	
年份	越限点数/总点数	合格率	越限点数/总点数	合格率
2017	423/25 040	98.79	1001/25 040	97.14
2018	70/27 135	99.7	0/27 135	100

由表 3-19 可见，儒林变电站 2017 年 220kV 母线电压 25 040 个检测点中超过 233kV 的检测点有 423 个，2018 年至 10 月 10 日 220kV 母线电压 27 135 个检测点超过 233kV 的检测点仅有 70 个。电压合格率由 98.79%上升至 99.7%。宝庆变电站 2017 年 220kV 母线电压 25 040 个检测点中超过 233kV 的检测点有 1001 个，2018 年至 10 月 10 日 220kV 母线电压 27 135 个检测点超过 233kV 的检测点仅有 0 个。电压合格率由 97.14%上升至 100%。

可见本项目成果的试点运行，有效缓解了邵阳地区 220kV 母线电压偏高的问题，显著

提升了 220kV 母线电压合格率。

3.5 小　　结

自动电压控制系统是地区电网无功-电压控制的主要系统，通过对电网无功资源的自动调控，提高电网电压质量、降低网损，保证电网安全经济优质运行。地区电网 AVC 一般采用本地电压控制＋区域无功优化的模式，即先根据所在变电站电压、无功情况按九区图制定电容\电抗器投切与主变压器分接头挡位变化策略，再根据所在子区域 220kV 变电站主变高压侧无功情况修正电容\电抗器投切策略。目前，随着大量分散式风电及其场站内动态无功补偿设备接入电网，给地区电网带来了大量的优良无功资源，极大地丰富了地区电网无功调控手段。现有的地区电网本地电压控制＋区域无功优化的自动电压控制模式无法有效地发挥这些无功资源的作用。

本章介绍了一种基于风电无功电压调控的地区电网 AVC 控制技术，从 AVC 系统控制架构和控制目标入手，详细介绍了充分发挥分散式风电和小水电无功调节能力的地区电网 AVC 控制策略，并对 AVC 系统开发的功能模块进行了介绍。最后，介绍了研发的 AVC 在邵阳电网的试点应用效果。经过超过一年的试运行情况表明，集成了所研发的地区电网新能源无功电压协调控制软件的邵阳地区 AVC 系统运行良好，有效缓解了邵阳地区电压偏高的问题，显著提升了邵阳地区 10kV、220kV 母线电压合格率，增加无功功率的本地支持/消纳能力，减少电网运维与建设成本，大幅度降低调控人员工作强度。

4 分散式风电支撑电网频率的实用化技术及案例

4.1 控制方式与研究现状

在风电场并网运行带来的各种问题中，风电参与电网频率控制的问题日益为人们所关注。全世界大力发展风电的国家，如荷兰、丹麦、德国、加拿大等都对并网发电机组的频率响应能力做出了规定，要求风电机组具备良好的电力系统频率调节特性。同样，我国也对并网风电机组的调频能力做出了规定，在所使用的 GB/T 19963—2011《风电场接入电力系统技术规范》中要求风力发电机安装有功功率控制系统，使其具备有功调节能力，确保在电网频率发生波动的情况下，风电场能具备一定频率调节能力以满足电力系统运行的要求。

在传统电力系统中，发电系统主要由火力发电机组和水力发电机组等常规同步发电机构成。电力系统的惯量取决于电力系统中同步发电机组的惯量，决定了电力系统的频率响应特性，因此，同步发电机的惯量会影响电力系统的频率调节特性。双馈感应风力发电机（doubly-fed induction generator，DFIG）是目前风力发电市场的主要机型之一，由于其采用了有功无功解耦控制，致使其转子转速和电网频率解耦，风电场无法对系统的频率波动做出响应，也就是说，DFIG 不能为系统的惯量做出贡献。若不采取措施，随着越来越多的传统同步发电机被风力发电取代之后，电力系统的惯量将会减少，会对电力系统的频率响应特性造成不良的影响，电力系统负荷波动引起的频率变化率会变大，频率的偏差也会增大。因此，在风电容量在电力系统总容量中的比重已经不可忽视的情况下，对风电机组参与电力系统频率调节的研究，具有十分重要的意义。

4.1.1 风力发电机组功率控制方式

1. 定桨距调节技术

传统意义上的风力发电机是由风力机通过齿轮箱带动异步电机的转子转动，从而使异步电机进入运行状态。在定桨距风力发电系统中，风力机捕获的有功完全由风力机叶片的运动特性决定。随着风速的不断变化，风力机叶片获得的机械功率也会不断波动。当风速为额定大小时，风力机将风能转换为机械能的效率最佳，同时，风力发电机也工作在额定状态。当风速高于额定值时，风力机叶片的表面会产生涡流，从而使其风能转换效率降低，使风力发电机的输出功率维持恒定。当风速低于额定值时，难以保持风力机的风能转换效率为最优。

2. 变桨距调节技术

变桨距角风力发电系统是在定桨距角风力发电系统的基础上加装桨距调节环节构成的。变桨距角风电机组不完全依靠风力机叶片的运动特性，还可通过改变叶片攻角来调整。当风速低于额定值时，叶片攻角为0°，相当于叶片垂直于风的方向，保持能够最大限度地吸收风能，此时，风力机是保持定桨距角控制的。当风速高于额定值时，此时就得调节叶片攻角，使风力发电机的有功输出维持在允许范围内。由于叶片攻角可根据风速的变化进行调整，在风速较低的情况下，能够提高风能转换效率和风力发电机的发电效率，在风速较高的情况下可保持平稳的有功输出，避免发电机过载。但是，变桨距风力发电系统的结构比较复杂，故障率也比较高。

3. 主动失速调节技术

风力机的机械输出功率正比于风速的三次方，所以比较小的风速波动都能造成风力机输出机械功率较大的波动。风功率的随机性和波动性，使风力机的桨距角调节系统有可能会频繁动作，对系统的稳定运行造成影响。由于机械传动的反应时间较长，风力机桨距角调节系统对风速的反应会存在一定的延时，在风速频繁波动的情况下，可能会发生桨距角系统来不及动作而引起风机的瞬时过载，这种情况称为风力机叶片的失速效应。根据叶片的失速效应，结合定桨距调节技术和变桨距调节技术，提出了风力机的主动失速调节技术。在风力机有功输出低于额定值时，采用变桨距调节技术；当有功输出高于额定值时，采用定桨距调节技术，即使桨距角调节系统来不及动作，由于风力机叶片的失速效应也能避免其瞬时过载。

4.1.2 风电参与电网频率响应技术的研究现状

目前，双馈风力发电机（DFIG）作为大型风力场的主力机型，通过变流器实现最大风功率跟踪控制，并且能够独立调节 DFIG 有功、无功的输出。但是在上述控制方案下，DFIG 转速与系统频率不再存在直接的耦合关系，使 DFIG 旋转动能无法对系统惯量做出贡献。大量基于 DFIG 的风电场并入电网，并取代传统的同步发电机组会导致电力系统的总惯量降低，影响电力系统的频率响应特性。

为使风电机组具有良好的并网运行特性，参与电力系统频率调节，国内外已经就此开展了大量的研究工作，并得到了一系列的成果。目前，最常使用的方法都是基于风力发电机组的结构特性，对其中的有功控制及转速控制等方面做出调整，使风电机组模拟出传统同步发电机的频率响应特性，具体的实现方法主要有虚拟惯性控制、下垂控制、桨距角控制，等等。有学者研究了双馈风机和恒速风机在系统频率下降时的惯性响应，大量风机 DFIG 取代传统同步发电机会导致系统惯量下降，并仿真验证了通过添加控制环节，DFIG 能够比恒速风机提供更大的有功支持。将电力系统频率偏差引入了双馈感应风电机组的有功控制环节中，模拟传统同步发电机的惯性响应及一次调频，设计了双馈风力发电机组的虚拟惯性控制策略，改善了双馈风电机组的频率响应特性。由于此种控制方法采用了比例微分控制（PD），对控制器参数的变化会对控制器的控制效果有很大的影响，鲁棒性不好。由于虚拟惯性控制直接调整了风电机组定子侧有功输出指令，没有设计转速控制，有可能会引起风力机转速偏移过大而切机。采用直接控制风力机组转速的方法，使系统频率降低时，转子转速随之减小释放旋转动能为系统提供有功支持，该控制策略可使风电机组转速始终保持在允许的范围内。

由于以上控制策略都只能为电力系统提供短暂的有功支持，有学者提出了减载运行控制策略，在电力系统发生频率波动时，风电机组放弃最大风功率跟踪策略，转换到指定的风功率跟踪曲线上，待系统频率恢复后再回到最大风功率跟踪状态下运行。桨距角作为影响风力机捕获机械功率的主要因素，可通过调整风力机桨距角的大小来直接控制风电机组的有功输出。该控制方法同样也是放弃了最大风功率跟踪策略，风电机组稳定运行时，适当增大风力机桨距角大小，桨距角有一定的调整裕度。当系统频率突然减小时，可减小风力机桨距角，使风力机捕获的机械能增大，为电力系统提供有功支持。目前，也有很多关于桨距角调整方面的研究工作正在进行，并引入多种优化算法来改善风电机组的频率响应特性。由于桨距角控制涉及风力机的机械系统，反应时间会比较长，调频效果不明显，同样机械部分的频繁动作会对风力机性能造成影响，减短使用寿命。不同风速下的风机运行状态不一样，采用单一的调频控制策略不能在全风速范围内得到理想的结果，将转速控制和桨距角控制结合在一起，在不同的风速下采用不同的控制策略，使风电机组在各个风速区域都具有良好的频率调节特性。除 DFIG 本身的调频特性外，DFIG 与电力系统中的其他电力元件的协调配合也是热点研究方向。

4.2 分散式风电支撑电网频率实用化技术

4.2.1 电力系统的频率响应特性

当电力系统功率波动导致系统有功失衡时，系统频率的变化特性就称为电力系统的频率响应特性。当由于某些突发事件使系统的有功负荷容量高于发电机的有功输出时，发电机的机械输入力矩小于负荷力矩，会导致发电机转速下降，从而使电力系统的频率降低。同理，当系统的有功负荷低于发电机有功输出时，即系统出现有功冗余，这时发电机的转子转速会上升，电力系统的频率也会随之上升。由于电网之间的电气耦合关系，功率不平衡点的频率波动会影响整个电力系统的频率。

电力系统频率的波动会对电力系统中的负荷和发电机的运行状态造成影响。电力系统的频率特性是由负荷频率特性、发电机频率特性和系统电压共同决定的。

电力系统频率特性可分为动态特性和静态特性。所谓系统频率的动态特性，就是系统有功失衡时，频率波动的动态过程。系统频率稳定后的有功波动和频率波动之间的关系就称为频率的静态特性。

（1）电力系统的静态频率响应特性。

一个完整的电力系统包含很多不同类型的发电机组和负荷，不同负荷及不同发电机的频率响应特性各不相同，要研究电力系统的频率响应特性就得将电力系统中的全部负荷与发电机一同考虑进去，并分析它们之间的相互影响。

1）系统负荷的有功功率－频率静态特性。电力系统稳定运行时，频率波动比较小，此时有功负荷的频率静态特性，如图 4-1 所示。有功负荷的波动与电力系统频率的偏差成正比。系统频率降低时，有功负荷也会随之降低，系统频率升高时，有功负荷就会上升。

图 4-1 中，直线的斜率可表示为

$$K_{\mathrm{L}}=\tan\beta=\frac{\Delta P_{\mathrm{L}}}{\Delta f} \tag{4-1}$$

或用其标幺值表示为

$$K_{\mathrm{L}*}=\frac{\Delta P_{\mathrm{L}}/P_{\mathrm{LN}}}{\Delta f/f_{\mathrm{N}}}=K_{\mathrm{L}}\frac{f_{\mathrm{N}}}{P_{\mathrm{LN}}} \tag{4-2}$$

式中：K_{L}为有功负荷的频率调节效应系数，其取值是由电力系统中所有负荷的类型及比重决定的；f_n为电网额定频率；P_{LN}为负荷额定值；Δf 为电网频率变化量；ΔP_L为负荷变化量。

2）发电机组的有功功率-频率静态特性。发电机组的频率静态特性，如图 4-2 所示。

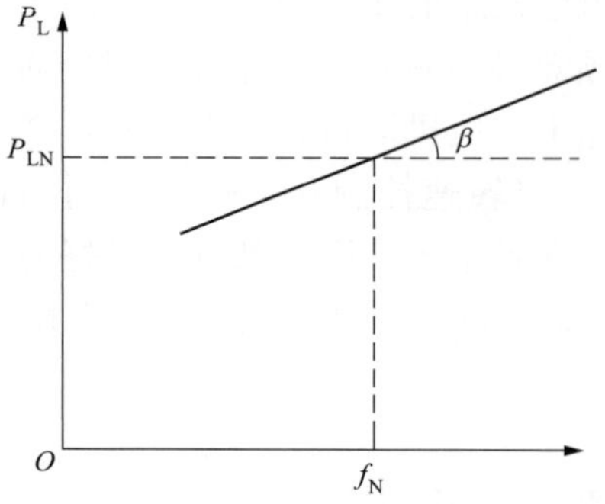

图 4-1　有功负荷的频率静态特性

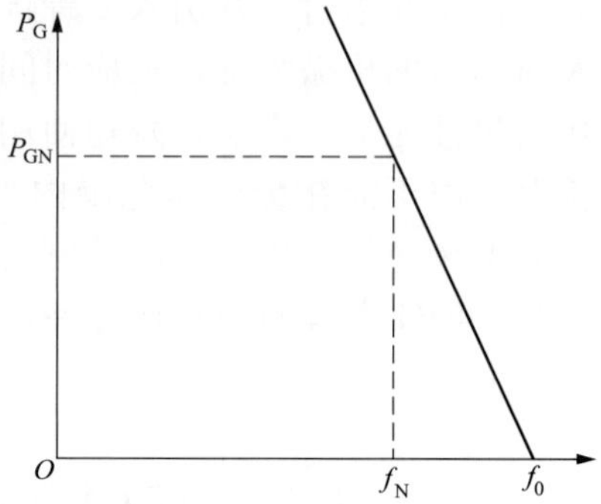

图 4-2　发电机组的频率静态特性

参考图 4-2 可知，发电机组的静态调差系数定义为

$$\delta = -\frac{f_N - f_0}{P_{GN}} = -\frac{\Delta f}{\Delta P} \tag{4-3}$$

或用其标幺值表示为

$$\delta_* = -\frac{\Delta f / f_N}{\Delta P / P_{GN}} = \delta \frac{P_{GN}}{f_N} \tag{4-4}$$

式中：P_{GN}为发电机额定功率；ΔP 为发电机组功率变化量；f_0为风电机组高频切出临界频率。

发电机的静态调差系数可定量表示出发电机组有功改变时的频率偏移。调差系数的倒数就是发电机组的有功频率静态特性系数 K_G。

$$K_G = \frac{1}{\delta} = -\frac{\Delta P}{\Delta f} \tag{4-5}$$

或用其标幺值表示为

$$K_{G*} = \frac{1}{\delta_*} = \frac{1}{\delta}\frac{f_N}{P_{GN}} = K_G \frac{f_N}{P_{GN}} \tag{4-6}$$

K_G的取值表示电力系统频率发生单位变化时，发电机有功输出的变化量。当系统频率降低时，发电机组的有功输出是增多的。

3）电力系统的有功功率一频率静态特性。电力系统的频率静态特性，如图 4-3 所示。

分析图 4-3，A 点为系统的初始运行状态，此时电力系统的频率为 f_1，发电机的有功输出与系统的有功负荷平衡为 P_1。系统负荷增大时，电力系统在发电机和有功负荷的调节下达到了新的工作平衡点 B。由图 4-3 分析可知，当系统有功负荷增加导致系统频率跌落时，一方面发电机组的有功输出增加，另一方面系统负荷由于其静态调节减小，在它们的共同作用下使电力系统重新达到平衡。

系统的有功功率-频率静态 K 定义为

$$K = K_G + K_L = -\frac{\Delta P_{L0}}{\Delta f} \tag{4-7}$$

式中，ΔP_{L0}为负荷增加量，根据 K 值大小，可确定在允许的频率偏移范围内，系统所能承受的负荷变化量。

（2）电力系统的动态频率响应特性。

当电网由于有功失衡造成频率波动时，电网中所有节点的频率偏移情况基本相同。通常情况下，将电力系统发电机组简化成单机模型来分析系统频率动态响应特性。

1）发电机组有功恒定时的频率动态特性。当电网中无旋转备用容量时，出现有功波动导致的频率偏移是最严重。在这种情况下单机系统模型的传递函数结构，如图 4-4 所示。

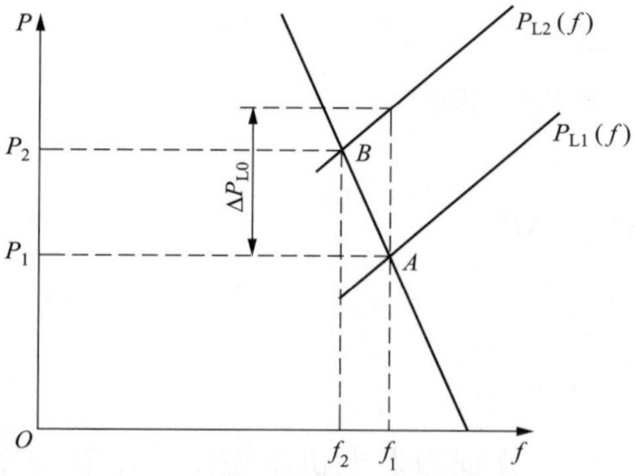

图 4-3　电力系统的频率静态特性

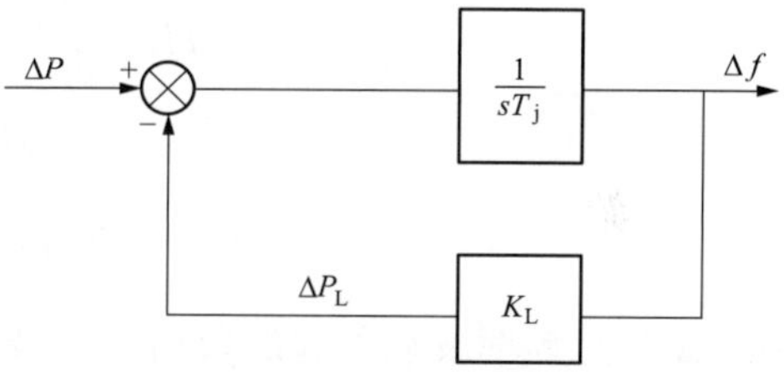

图 4-4　单机系统模型的传递函数结构

系统的传递函数可表示为

$$\Delta P = H_J \frac{d\Delta f}{dt} + K_L \Delta f \tag{4-8}$$

式中：ΔP 为有功输出的变化量，都是基于额定状况下的标幺值；H_J为电力系统的惯性时间常数；Δf 为频率偏移；为有功输出的变化量，都是基于额定状况下的标幺值为电力系统的惯性时间常数 K_L为负荷调节效应系数。

由式可知，单机系统是一个一阶惯性环节，可求出

$$\Delta f(t) = \frac{\Delta P}{K_L}(1 - e^{-\frac{K_L}{H_J}t}) \tag{4-9}$$

分析式（4-9）可知，由于系统的旋转备用容量不足，此单机模型忽略了发电机组的有功调节效应，只考虑了负荷的有功频率调节。

在实际电力系统中，由于发电机组的功频调节效应，可用式中的 K 来代替 K_L，则有

$$\Delta f(t) = \frac{\Delta P}{K_L + K_G}(1 - e^{-\frac{K_L+K_G}{H_J}t}) \tag{4-10}$$

由于式（4-10）忽略了发电机的延时，所以电力系统频率调节的实际情况应该处于式（4-9）和式（4-10）之间。

2）考虑旋转备用容量的频率动态特性。考虑系统中的旋转备用容量，电力系统的动态频率响应就必须考虑发电机组调速系统的作用。用一阶函数来描述调速系统，则考虑调速系统的功频特性传递函数结构，如图 4-5 所示。

系统的传递函数可表示为

$$H_J \frac{d\Delta f}{dt} = \Delta P + \Delta P_G - \Delta P_L \tag{4-11}$$

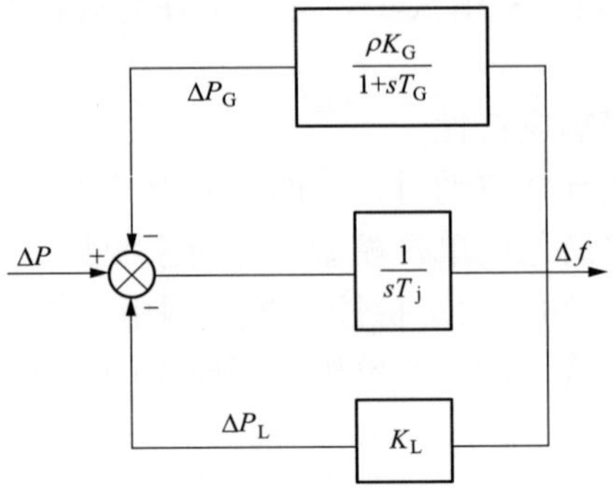

图 4-5 考虑调速系统的功频特性传递函数结构

$$H_G \frac{dP_G}{dt} = -\rho K_G \Delta f - \Delta P_G \tag{4-12}$$

$$\Delta P_L = K_L \Delta f \tag{4-13}$$

$$H_J = \sum H_{JG} \frac{P_{Gn}}{P_{L0}} + \sum H_{JM} \frac{P_M}{P_{L0}} \tag{4-14}$$

式中：ΔP_L为频率波动引起的负荷功率波动；P_G和 ΔP_G分别为发电机组输出功率和频率波动引起的发电机组功率波动；H_J、H_G为系统和调速器的惯性时间常数；H_{JG}、H_{JM}为发电机和电动机的惯性时间常数；ρ 为调速器功率控制反馈系数；P_{Gn}、P_M为发电机和电动机的额定容量。

式（4-11）～式（4-14）中的功率均使用标幺值表示，以初始平衡状态下的负荷功率P_{L0}为参考值。

由式（4-11）～式（4-14）可求解得出

$$\Delta f(t) = -\frac{\Delta \rho}{K_L + \rho K_G}\left[1 + 2A_m e^{-\frac{1}{2}\left(\frac{1}{H_G}+\frac{K_L}{H_J}\right)t}\cos(\omega t + \varphi)\right] \tag{4-15}$$

$$\omega = \sqrt{\frac{K_L + \rho K_G}{T_G T_J} - \left[\frac{1}{2}\left(\frac{1}{H_G} + \frac{K_L}{H_J}\right)\right]^2}$$

$$A_m = \frac{1}{2\omega T_J}\sqrt{\rho K_G (K_L + \rho K_G)}$$

$$\varphi = \arctan^{-1}\left\{\frac{1}{\omega}\left[\frac{K_L + \rho K_G}{H_J} - \frac{1}{2}\left(\frac{1}{H_G} + \frac{K_L}{H_J}\right)\right]\right\}$$

由于系统的旋转备用容量，系统的频率动态特性能够有所改善。H_J作为系统的惯性时间常数决定了系统频率的变化率，当 H_J较大时，系统惯量比较大，频率变化率就比较小；反之当 H_J较小时，系统的频率变化率就会比较大。

4.2.2 风电并网后系统频率响应特性分析

电力系统的惯量是用来衡量系统阻止频率突变的能力的重要指标，在相同有功负荷突变下，电力系统的惯量越大，频率的突变就会越小，电力系统就更稳定。

（1）同步发电机的惯性分析。

转速为 ω 的同步发电机，转子里储存的动能 E_k可表示为

$$E_k = \frac{1}{2} J\omega^2 \tag{4-16}$$

式中：J 为同步发电机的转动惯量。

当电网频率波动时，同步发电机的转速会随之发生变化，释放出相应的动能来给系统频率提供支持：

$$\Delta P = \frac{dE_k}{dt} = \frac{1}{2} J \times 2\omega \frac{d\omega}{dt} = J\omega \frac{d\omega}{dt} \tag{4-17}$$

在电力系统分析中，通常定义惯性时间常数 H 为发电机在同步角速度 ω_e 下机组转子储能与电机额定容量之比：

$$H = \frac{J\omega_e^2}{2S_N} \tag{4-18}$$

式中：S_N 为系统总的额定容量。

由式（4-18）可得出

$$J = \frac{H \times 2S_N}{\omega_e^2} \tag{4-19}$$

将 J 代入式（4-19）有

$$\frac{\Delta P}{S_N} = 2H \frac{\omega}{\omega_e} \frac{d(\omega/\omega_e)}{dt} \tag{4-20}$$

取标幺值可得

$$\Delta\overline{P} = 2H\overline{\omega} \frac{d\overline{\omega}}{dt} \tag{4-21}$$

式中：$\Delta\overline{P}$ 和 $\overline{\omega}$ 分别为功率和角频率的标幺值。

由式可知，当系统频率发生波动时，同步发电机的惯性响应主要是由发电机转速的变化决定的。

（2）DFIG 并网对系统惯性的影响。

当有基于 DFIG 的风电场并入电力系统时，整个电网的惯性时间常数 H_{tot} 会发生变化，其值可用式表示：

$$H_{tot} = \frac{\sum_{i=1}^{i=n} \left(\frac{1}{2p_{s,i}^2} J_{s,i} \omega_e^2 \right) + \sum_{j=1}^{j=m} E_{kw,j}}{S_{N\_tot}} \tag{4-22}$$

式中：n 为电网中传统同步发电机数量；m 为 DFIG 风力发电机组数量；$J_{s,i}$ 为第 i 台同步发电机的转动惯量常数；$p_{s,i}$ 为第 i 台同步发电机组的极对数；S_{N_tot} 为接入风电机组之后电力系统总额定容量；$E_{kw,j}$ 为 j 台 DFIG 风电机组可利用的转子旋转动能。

由于 DFIG 的有功、无功解耦控制，使 DFIG 的转子转速和电力系统的频率也解耦，所以电力系统频率波动时，DFIG 的转速不会变化，无法利用其转子动能对系统频率提供支持。可得

$$\sum_{j=1}^{j=m} E_{kw,j} \approx 0 \tag{4-23}$$

当大规模基于双馈风力发电机的风电场接入电网时，若保持电力系统总装机容量恒定，双馈风力发电机替代同步发电机，会导致电力系统可利用的旋转动能减小，会使电力系统的

惯性时间常数降低。如果保持电力系统中的传统同步发电机容量不变，在电力系统中增加风力机组，虽然系统可利用的旋转动能保持恒定，由于电力系统总的装机容量会增大，同样会导致电力系统的惯性时间常数下降。因此，大规模风电场的接入一定会使电力系统的惯性时间常数降低，对电力系统的稳定运行造成影响。

为提高含风电场电网运行的频率稳定性，进一步分析了 DFIG 的虚拟惯性。假设在电力系统频率波动时，DFIG 风电机组可调整转子转速的大小来模拟同步发电机的惯性特性，则 DFIG 的转子运动方程可由式表示：

$$P_m - P_s = J_w \omega_r \frac{d\omega_r}{p_w^2 dt} \tag{4-24}$$

式中：P_m、P_s分别为 DFIG 的输入机械功率、输出电磁功率；ω_r为发电机转子转速；p_w和J_w分别为 DFIG 的极对数和转动惯量。

由式（4-24）可推算出，电网频率波动时，DFIG 的有效旋转动能 E_{kw}可用式表达：

$$\begin{aligned} E_{kw} &= \int (P_m - P_s) dt \\ &= \int \frac{J_w \omega_r d\omega_r}{\omega_s d\omega_s} \times \frac{\omega_s d\omega_s}{p_w^2 dt} dt \\ &= \int \frac{J_{vir} \omega_s}{p_w^2} d\omega_s \end{aligned} \tag{4-25}$$

$$J_{vir} = \frac{J_w \omega_r d\omega_r}{\omega_s d\omega_s} \approx \frac{\Delta\omega_r}{\Delta\omega_s} \cdot \frac{\omega_{r0}}{\omega_e} J_w = \lambda \frac{\omega_{r0}}{\omega_e} J_w \tag{4-26}$$

$$\lambda = \frac{\Delta\omega_r}{\Delta\omega_s} \tag{4-27}$$

式中：J_{vir}为 DFIG 的虚拟惯量；λ 为转速调节系数；ω_s、$\Delta\omega_s$、ω_{r0}、$\Delta\omega_r$分别定子角速度、定子角速度变化量、转子初始角速度和转子角速度变化量。

由式（4-26）可知，DFIG 的虚拟惯量与风力机的初始角速度和转速调节系数有关。由 DFIG 的运行特性可知，其转速的运行范围很大，所以可根据电力系统的需求来调节 λ 的取值，从而可使 DFIG 具有不同的虚拟惯性响应特性。

风电渗透率是指风力发电在整个电力系统中所占的比重大小。随着风力发电的迅猛发展，风力发电场的规模越来越大，风力发电容量在整个电网中所占的比例也在迅速升高。由上一节的分析可知，目前大规模使用的双馈风机由于其有功、无功解耦控制，不能对系统的频率波动做出有效的响应，所以随着风电渗透率的增加，对系统的频率稳定造成了不利的影响。

当风电渗透率较低时，风电场的功率波动对系统的影响较小，引起的系统频率波动也较小，可通过系统的自我调节来恢复平稳。当风电渗透率较高时，风电场的功率波动会对系统造成较大的影响，会使系统频率发生较大的波动，有可能对电力系统造成比较恶劣的影响。

4.2.3 风电虚拟惯性控制实用化技术

由上一节的分析可知，DFIG 可利用其转子上存储的旋转动能来构造虚拟惯量，本节主要介绍了添加虚拟惯性控制环节的方法。此方法的根本原理就是在最大风功率跟踪所得出的有功指令值上添加额外的有功参考信号。在现有的设计方法中，都是引入系统的频率偏移来计算额外有功参考信号，可总结为以下两种：虚拟惯性控制（virtual inertia control）和下垂控制（droop control）。虚拟惯性控制，就是模拟传统同步发电机的惯性，通过系统频率的变化率得到有功参考信号；而下垂控制则是利用同步发电机的静态频率特性来设计的，即根据频率偏移的大小得到有功参考信号。

（1）虚拟惯性控制。

当电力系统频率发生波动时，传统同步发电机释放/吸收的有功和系统频率的变化率成正比。因此，用虚拟惯性控制法获得的额外有功参考信号 ΔP_1 可表示为

$$\Delta P_1 = -K_f \frac{df_s}{dt} \tag{4-28}$$

式中：K_f为虚拟惯性控制系数；f_s位电网同步频率。

添加虚拟惯性环节后，系统的频率动态方程可表示为

$$2H_s \frac{df_s}{dt} = P_{m,s} - P_{e,s} + \Delta P_1 \tag{4-29}$$

式中：H_s为电网转动惯量时间常数，$P_{m,s}$和 $P_{e,s}$分别为电网机械功率和电磁功率。

将式和相结合可推导出

$$2\left(H_s + \frac{K_f}{2}\right)\frac{df_s}{dt} = P_{m,s} - P_{e,s} \tag{4-30}$$

由式（4-30）可得，添加虚拟惯性环节后，DFIG 接入后同样会为整个系统增加惯性，改善系统的频率响应，虚拟惯性控制方法，如图 4-6 所示。

（2）下垂控制。

下垂控制的基本原理是传统同步发电机的功频特性响应曲线。由图 4-7 可知，系统频率的降低会使同步发电机的有功输出增加。根据这样的运行特性，设计了如式（4-31）所示的额外有功参考信号，将其添加到原有的有功参考值上，就可调整 DFIG 的有功输出。模拟同步发电机频率静态响应特性所得的功—频关系，工频特性曲线如图 4-7 所示。

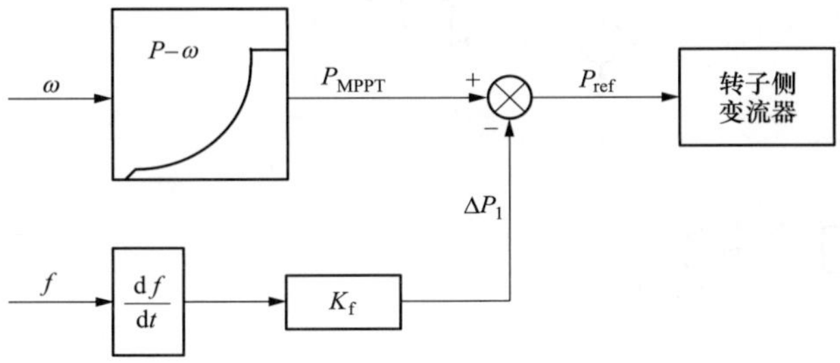

图 4-6　虚拟惯性控制方法

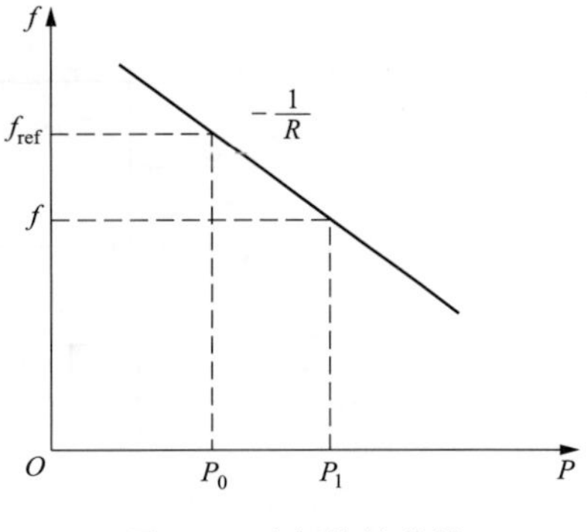

图 4-7　功频特性曲线

f—电力系统的实时测量频率；

f_{ref}—系统的参考频率；

R—功频特性曲线的下降率；

P_0、P_1分别表示发电机 t_0 时刻和 t_1 时刻的功率

系统的参考频率为利用下垂控制得出的附加频率控制环节中的额外有功参考值 ΔP_2 表示为

$$\Delta P_2 = P_1 - P_0 = -\frac{1}{R}\Delta f = -\frac{1}{R}\times(f - f_{ref}) \tag{4-31}$$

式（4-31）为功频特性曲线的下降率。其实现方法，即下垂控制方法，如图 4-8 所示。

$$2H_s\frac{df_s}{dt} = P_{m,s} - P_{e,s} + \Delta P_2 \tag{4-32}$$

将式（4-31）代入式（4-32）中，可得出

$$2H_s\frac{df_s}{dt} + \frac{1}{R}\Delta f = P_{m,s} - P_{e,s} \tag{4-33}$$

由式（4-33）可明显得出，下垂控制的引入增强了系统机电振荡模式的阻尼。

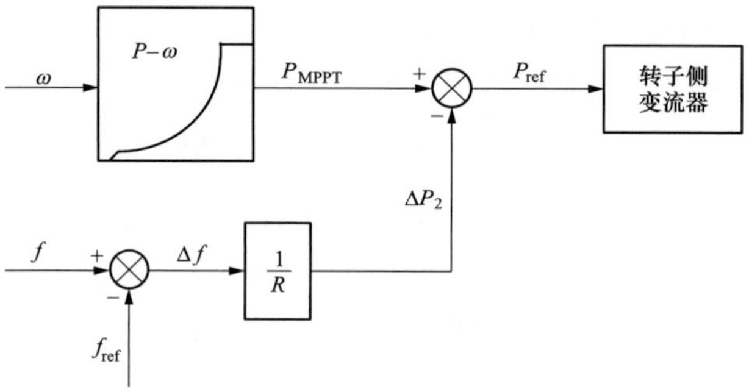

图 4-8 下垂控制方法

（3）综合控制。

综合控制就是将上面介绍的虚拟惯性控制和下垂控制结合在一起，得到虚拟惯性环节中额外的有功参考信号。综合惯性控制方法，如图 4-9 所示。由上述内容可总结出，通过综合控制方法得到的额外有功参考值可表示为

$$\Delta P = -K_f\frac{df_s}{dt} - \frac{1}{R}\Delta f \tag{4-34}$$

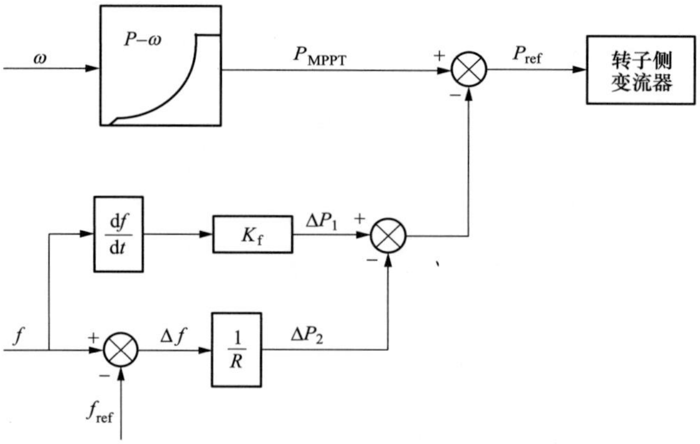

图 4-9 综合惯性控制方法

基于添加虚拟惯性控制环节的控制策略确实可使双馈风力发电机组拥有一定的虚拟惯性特性，可为电力系统的频率波动提供一定的有功支持，但其同样存在一些缺点。此虚拟惯性

控制策略与 DFIG 的最大风功率跟踪存在一定的矛盾，例如，当系统频率突然降低时，添加了虚拟惯性控制的 DFIG 就会降低转子转速来释放出旋转动能，但是转速的降低又会导致最大风功率跟踪输出的有功指令降低，这就使此控制策略的参数设计比较复杂，也难以达到理想的结果。同样，DFIG 的虚拟惯性响应有可能会影响到同步发电机的惯性响应，只能为系统提供短时间的有功支持，不能为电力系统提供持久稳定的有功支持。

4.3 案 例 分 析

4.3.1 案例概况

含有风电电力系统典型案例如图 4-10 所示，该系统包含 1 个风电场 G1（70 台×1.5MW）和一个常规发电机组 G2（500MW），风电场使用的是双馈风力发电机组。系统中共有两处有功负荷，分别为可投切负荷 L1、恒定有功负荷 L2（200MW）。风力发电系统中采用本章的虚拟惯性控制策略，其参数见表 4-1。感应电机模型参数，见表 4-2。同步发电机组模型参数，见表 4-3。

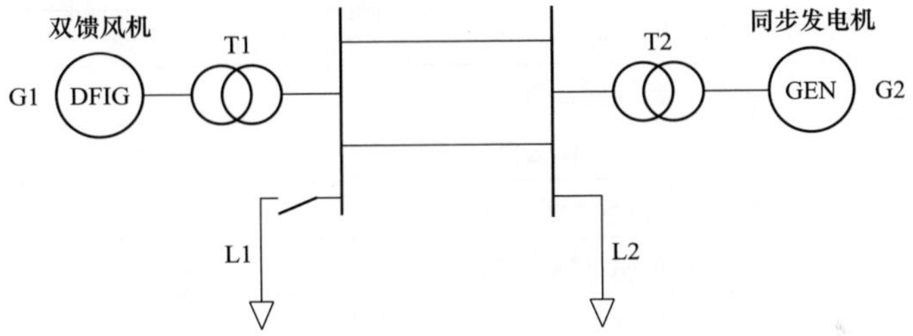

图 4-10　含风电电力系统拓扑结构

表 4-1　风力机模型参数

符号	名称	参数值	单位
S_N	额定容量	1.5	MW
f_N	额定频率	50	Hz
R	叶片半径	52	m
ρ	空气密度	1.225	kg/m^3
GR	齿轮比	74	
η	齿轮箱效率（标幺值）	0.979	

表 4-2　感应电机模型参数

符号	名称	参数值	单位
S_N	额定容量	1.667	MV・A
V_N	额定线电压	13.8	kV
ω_N	同步角速度	314.16	rad/s
k_W	定转子匝数比	1	
T_J	惯性时间常数	0.726 7	s
D_m	机械阻尼系数（标幺值）	0.001	

续表

符号	名称	参数值	单位
R_1	定子绕组电阻（标幺值）	0.005 4	
R_2	转子绕组电阻（标幺值）	0.006 07	
X_m	励磁电抗（标幺值）	4.362	
X_a	定子绕组漏抗（标幺值）	0.102	
X_{kdl}	转子绕组漏抗（标幺值）	0.11	

表 4-3　　同步发电机组模型参数

符号	名称	参数值	单位
V_N	额定线电压	13.8	kV
ω_N	同步角速度	314.16	rad/s
T_J	惯性时间常数	4.726 7	s
X_d	d 轴电抗（标幺值）	1.8	
X'_d	d 轴暂态电抗（标幺值）	0.3	
X''_d	d 轴次暂态电抗（标幺值）	0.25	
X_q	q 轴电抗（标幺值）	1.7	
X'_q	q 轴暂态电抗（标幺值）	0.55	
X''_q	q 轴次暂态电抗（标幺值）	0.25	
R_s	定子绕组电阻（标幺值）	0.20	
X_1	定子绕组电抗（标幺值）	0.2	
T'_{d0}	d 轴时间衰减常数的暂态分量	8.0	s
T''_{d0}	d 轴时间衰减常数的次暂态分量	0.03	s
T'_{q0}	q 轴时间衰减常数的暂态分量	0.4	s
T''_{q0}	q 轴时间衰减常数的次暂态分量	0.05	s

4.3.2　风电渗透率对电网频率响应的影响

t=2s 时刻，系统负荷突增 33MW，在不同的风电渗透率下研究该案例系统的频率响应特性。案例系统中总的有功发电容量保持不变，增加 DFIG 容量的同时减小系统中同步发电机的容量，即相当于在电网中用 DFIG 取代现有的同步发电机，使整个电力系统的惯性降低。

风电渗透率分别为 0%、20%、40%的情况下，案例系统的频率响应，如图 4-11 所示。由图 4-11 所示的运行结果可知，案例系统中风电渗透率分别为 0%、20%、40%时，故障过程中电网的最低频率分别下降到 0.998 4p.u.，0.998 1p.u. 和 0.996 8p.u.，风电渗透率最高，电网频率下降最多，这是由于 DFIG 取代案例系统中的同步发电机时，由于整个系统的转动惯量减小，会减弱系统的频率响应能力，同时会使系统的频率波动越来越严重，恶化了系统的频率稳定性。

风电渗透率分别为 0%、20%、40%的情况下 DFIG 有功输出和转子转速响应特性曲线分别如图 4-12 和图 4-13 所示。由图 4-12 和图 4-13 可知，当系统负荷突然增加造成系统频

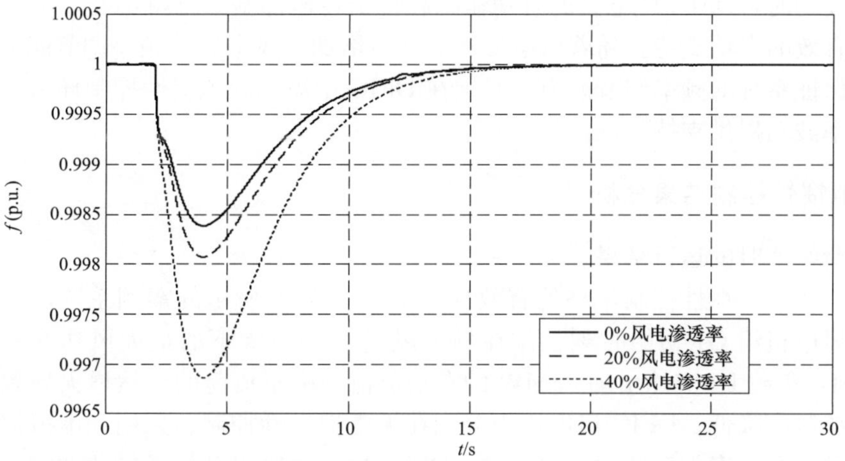

图 4-11　风电渗透率分别为 0%、20%、40%的情况下电力系统的频率响应

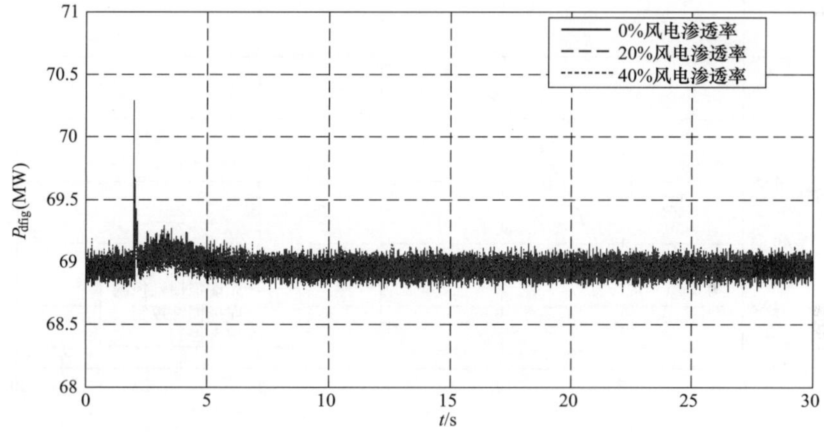

图 4-12　风电渗透率分别为 0%、20%、40%的情况下，DFIG 有功输出

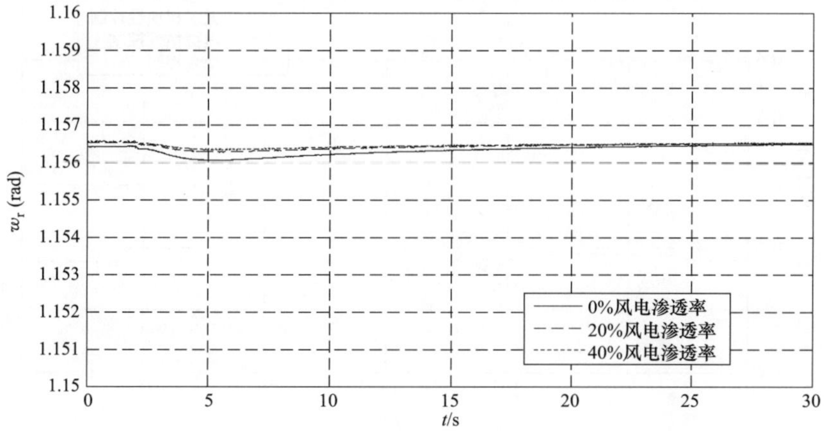

图 4-13　风电渗透率分别为 0%、20%、40%的情况下 DFIG 转子转速

率发生突然波动时，DFIG 风电场的有功输出和转子转速都基本维持不变，不能给系统的频率波动提供有效的有功支持。随着风电渗透率逐渐增加，风电场的频率调节能力也越来越受到关注，为保证系统的频率调节能力，必须在 DFIG 中添加虚拟惯性控制环节，使其可以对电力系统频率波动提供支持。

4.3.3 虚拟惯性控制结果分析

（1）负荷突增时的运行结果。

为验证上述虚拟惯性控制策略的有效性，基于图 4-10 所示的案例系统，开展如下运行试验。双馈风电机组 G1 初始时刻工作在额定风速 10.2m/s 下的最大风功率跟踪状态。在 $t=2.0$s 时刻，负载 L1 突然增加 33MW 的有功负荷，由于负荷的突然增大导致系统的有功不平衡，系统频率降低。DFIG 风电机组分别在无虚拟惯性控制、采用和虚拟惯性控制和综合控制这三种情况下案例系统的频率波动、DFIG 的有功输出及转子转速的响应曲线，其结果如图 4-14～图 4-16 所示。

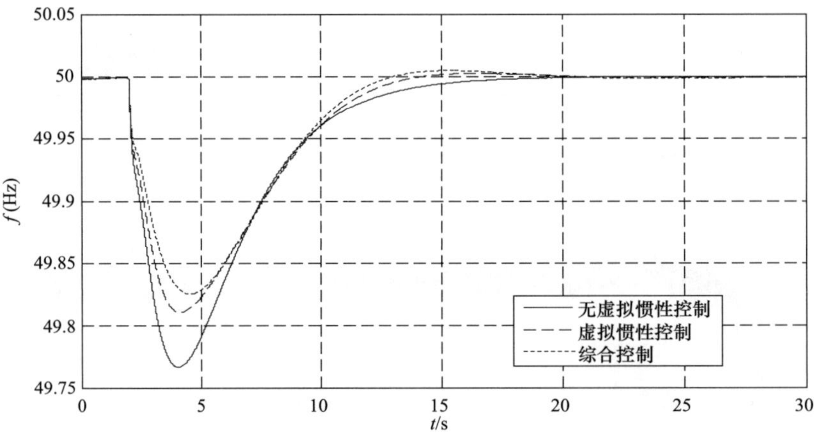

图 4-14　负荷突增时的系统频率响应曲线

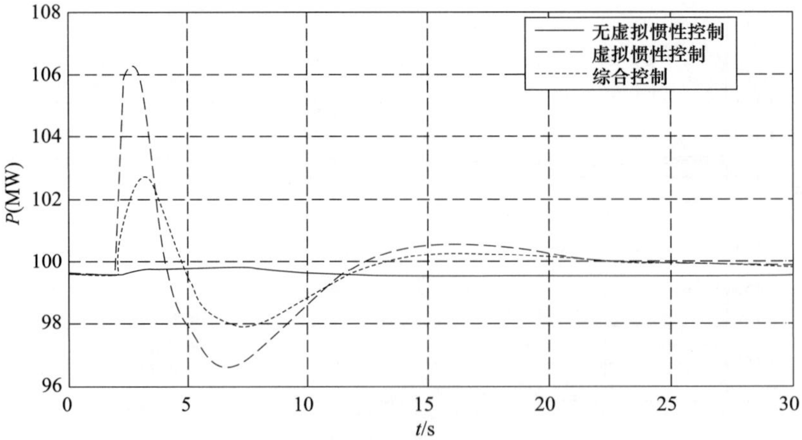

图 4-15　负荷突增时的 DFIG 有功输出

由图 4-14 分析可知，采用虚拟惯性控制和综合控制可改善案例系统的频率响应特性，在综合控制策略下案例系统频率跌落的最低值由 49.77Hz 升高到 49.82Hz，频率下降幅值减少了 21.74%。因此，采用所提出的综合控制后 DFIG 可主动支撑案例系统频率稳定。

由图 4-15 分析可知，在没有采用虚拟惯性环节时，DFIG 有功输出无法对系统的频率波动响应。采用虚拟惯性控制和综合控制策略后，DFIG 的有功输出根据电网频率变化而调整其有功输出，系统频率降低时，DFIG 的有功输出明显增加，为电力系统频率稳定提供了有功支持。

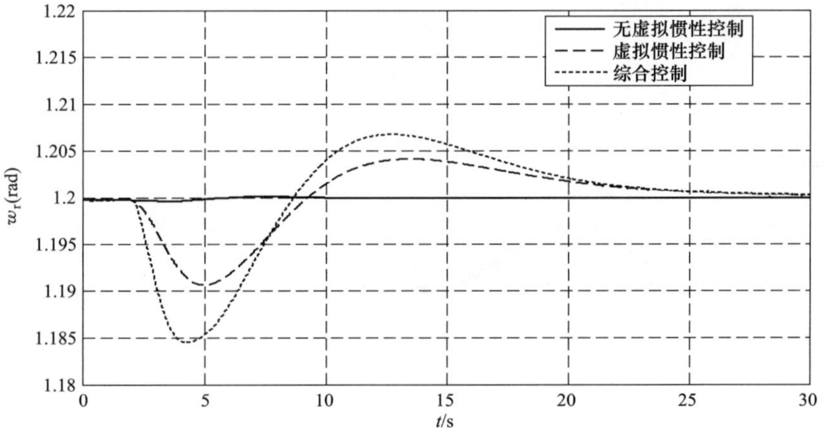

图 4-16 负荷突增时的 DFIG 转子转速

由图 4-16 分析可知，当系统频率下降时，采用虚拟惯性控制和综合控制后，DFIG 转子转速也随之下降，将转子中存储的旋转动能释放出来，削减发电功率和负荷功率的差额，从而维持系统的频率稳定。

(2) 负荷突减时的运行结果。

双馈风电机组 G1 运行在额定风速（10.2m/s）的最大风功率跟踪状态，在 $t=2.0$s 时刻，负载 L1 突然切除 66MW 有功负荷，DFIG 风电机组分别在无虚拟惯性控制和采用虚拟惯性控制三种情况下的 DFIG 的有功输出、转子转速变化和案例系统的频率波动曲线如图 4-17～图 4-19 所示。

由于案例系统负荷突然减小导致系统有功负荷不平衡，系统频率会上升。由图 4-17～图 4-18 分析可知，风电机组采用虚拟惯性控制策略和综合控制策略后，DFIG 的转子转速加速，将风电机组捕获的风功率转为发电机机组转子动能存储起来，减少 DFIG 有功功率输出，进而维持案例系统的功率平衡，因此案例系统频率由最高值 50.23Hz 下降到 50.16Hz（如图 4-19 所示），频率最大增幅相比没有采用虚拟惯性控制的情况减少了 30.43%，优化了案例系统的频率响应特性。

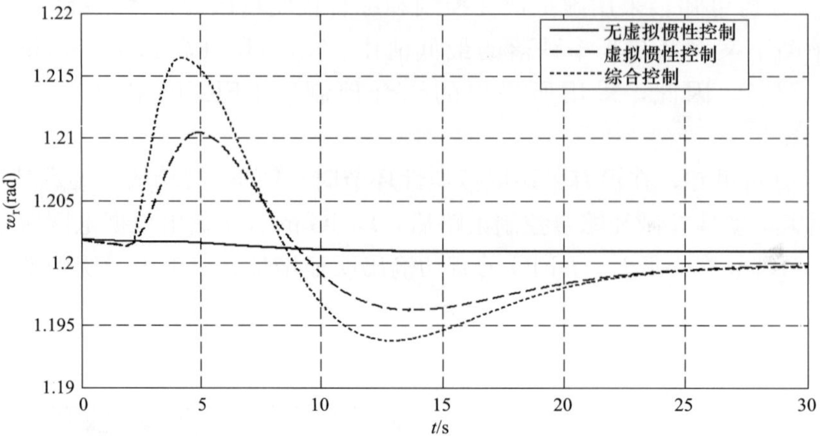

图 4-17　负荷突减时的 DFIG 转子转速

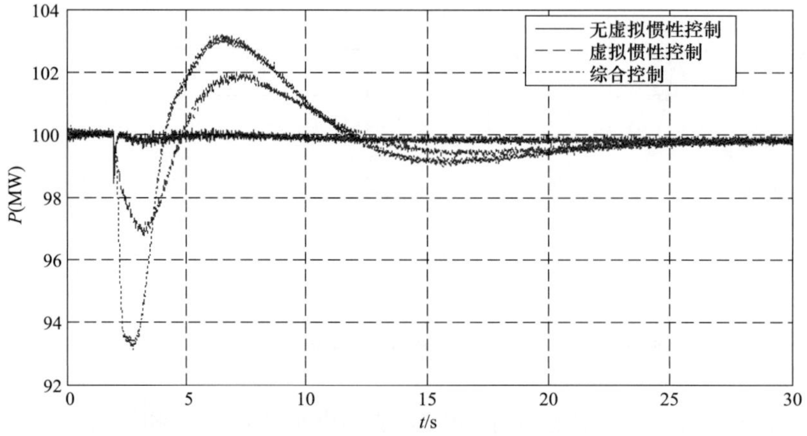

图 4-18　负荷突减时的 DFIG 有功输出

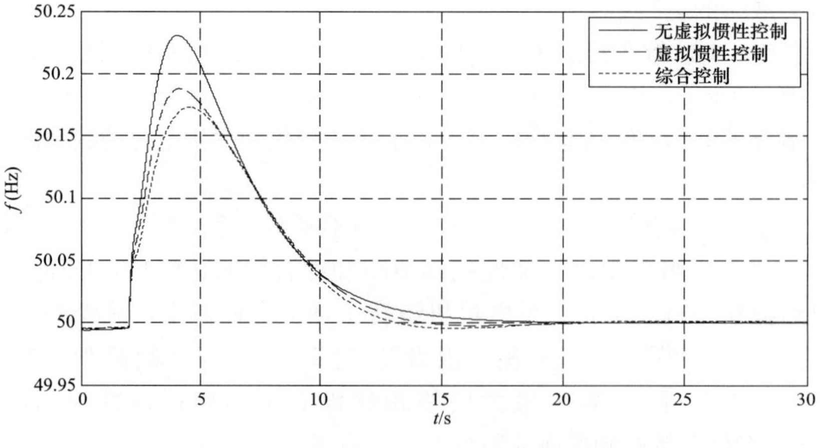

图 4-19　负荷突减时的系统频率响应曲线

4.4 小　　结

随着内陆分散式风电并网容量的不断增加，风电主动支撑电网频率调控日益得到关注。本章首先简要介绍了风电机组功率控制方式和频率响应研究现状。在分析风电并网对电力系统频率响应影响的基础上，详细介绍了两种风电机组支撑电网频率调控的实用化技术。最后通过案例系统验证了所介绍风电机组虚拟惯性控制策略和综合控制策略的效果，运行结果表明，采用虚拟惯性控制策略和综合控制策略后，风电机组能够快速响应电网频率变化，通过机组转子转速的变化，实现有功功率输出和转子机械动能存储的转化，平衡维持案例系统发电功率和负荷功率，实现对电网频率的主动支撑调控。

5 分散式风电提升电网功率稳定性的实用化技术及案例

目前我国处于新能源革命的初期阶段，可再生能源正逐步代替传统化石能源，未来新能源发电将成为最终能源需求的主要来源。然而，随着风电场规模的不断增大和电力子元件的大量使用，电力系统正逐步向高比例新能源和高比例电力电子设备趋势发展，而电力电子设备与电网之间相互作用引起的新型次同步振荡问题成为影响电网安全稳定运行的重要问题之一。

国内外工程实践中发生了多起次同步振荡（sub synchronous oscillation，SSO）事件，2009 年美国德州某风电场在世界范围内首次发生新能源诱发的次同步振荡事故；2015 年，我国新疆哈密地区的大规模风电场发生次同步振荡通过多个电压等级传播到 300km 外的汽轮发电机组，致使其发生轴系扭振的事件。此类问题得到了国内外学者的广泛关注，研究表明当风电场并入弱交流系统以及含串联补偿系统时，均可能发生次同步振荡现象。

5.1 风电机组经串补并网系统模型

5.1.1 双馈风电场并网系统结构

双馈风电机组并网系统结构如图 5-1 所示。双馈风电场并网系统主要由双馈风电机组与串联电容补偿线路两部分组成，其中双馈风电机组主要由空气动力学环节、传动链、双馈感应发电机、变流器控制系统以及直流环节所组成。

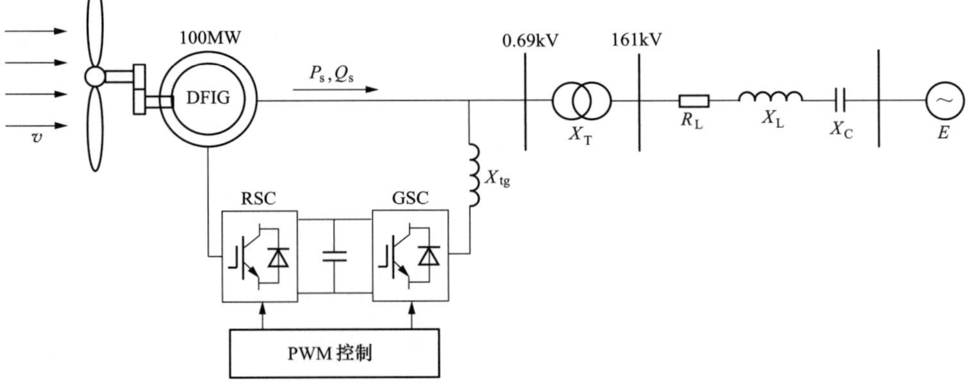

图 5-1　双馈风电机组并网系统结构

双馈风力发电机组空气动力学环节、传动链、双馈感应发电机、变流器控制系统数学模型参见第二章。以下给出直流环节数学模型和串联电容补偿线路数学模型。

5.1.2 直流环节数学模型

直流环节连接转子侧变流器与电网侧变流器，其数学模型可用功率平衡方程来描述，表达式

$$C\frac{\mathrm{d}U}{\mathrm{d}t}U=P_{\mathrm{r}}-P_{\mathrm{g}} \tag{5-1}$$

式中：C 为直流环节储能电容；U_{dc}为直流环节电容电压；P_{r}、P_{g}分别为转子侧变流器有功功率与电流侧变流器有功功率，其大小可通过式计算得到。

$$\begin{cases}P_{\mathrm{r}}=\dfrac{1}{2}(u_{d\mathrm{r}}i_{d\mathrm{r}}+u_{q\mathrm{r}}i_{q\mathrm{r}})\\ P_{\mathrm{g}}=\dfrac{1}{2}(u_{d\mathrm{g}}i_{d\mathrm{g}}+u_{q\mathrm{g}}i_{q\mathrm{g}})\end{cases} \tag{5-2}$$

式中：$u_{d\mathrm{r}}$和$u_{q\mathrm{r}}$分别为转子侧电压 dq 坐标系下 d 轴分量和 q 轴分量；$i_{d\mathrm{r}}$和$i_{q\mathrm{r}}$分别为转子电流 dq 坐标系下 d 轴分量和 q 轴分量；$u_{d\mathrm{g}}$和$u_{q\mathrm{g}}$分别为网侧变流器输出电压 dq 坐标系下 d 轴分量和 q 轴分量；$i_{d\mathrm{g}}$和$i_{q\mathrm{g}}$分别为网侧变流器输出电流 dq 坐标系下 d 轴分量和 q 轴分量。

5.1.3 串联电容补偿线路模型

在 dq 坐标系下，串联补偿电容电压与电流的关系可表示为

$$\begin{cases}u_{d\mathrm{c}}=\omega_{\mathrm{b}}(\omega_{\mathrm{e}}u_{q\mathrm{c}}+X_{\mathrm{C}}i_{d\mathrm{l}})\\ u_{q\mathrm{c}}=\omega_{\mathrm{b}}(-\omega_{\mathrm{e}}u_{d\mathrm{c}}+X_{\mathrm{C}}i_{q\mathrm{l}})\end{cases} \tag{5-3}$$

式中：$u_{q\mathrm{c}}$、$u_{d\mathrm{c}}$为串联电容电压两端的 d 轴分量和 q 轴分量；X_{C}为线路串联补偿电容的电抗值；$i_{d\mathrm{l}}$、$i_{q\mathrm{l}}$分别为流经线路电流的 d 轴分量和 q 轴分量；w_{b}和 w_{e}分别为系统电角度基准值和频率基准值。

线路电流的 dq 轴分量可通过式来求解，其表达式为

$$\begin{cases}R_{\mathrm{L}}i_{d\mathrm{l}}-(X_{\mathrm{L}}+X_{\mathrm{T}})i_{q\mathrm{l}}+\dfrac{1}{\omega_{\mathrm{b}}}(X_{\mathrm{L}}+X_{\mathrm{T}})pi_{d\mathrm{l}}=u_{d\mathrm{s}}-u_{d\mathrm{c}}-u_{0d}\\ R_{\mathrm{L}}i_{q\mathrm{l}}-(X_{\mathrm{L}}+X_{\mathrm{T}})i_{d\mathrm{l}}+\dfrac{1}{\omega_{\mathrm{b}}}(X_{\mathrm{L}}+X_{\mathrm{T}})pi_{q\mathrm{l}}=u_{q\mathrm{s}}-u_{q\mathrm{c}}-u_{0q}\end{cases} \tag{5-4}$$

式中：$u_{\mathrm{o}d}$、$u_{\mathrm{o}q}$分别为电网电压的 d 轴分量和 q 轴分量；$u_{d\mathrm{s}}$、$u_{q\mathrm{s}}$为风力发电机组机端电压的 d 轴分量和 q 轴分量；X_{T}、X_{L}和 R_{L}分别为升压变压器感抗、线路感抗和线路电阻；$i_{d\mathrm{l}}$、$i_{q\mathrm{l}}$分别为线路电流的 d 轴分量和 q 轴分量。

5.2 双馈风电机组并网系统小信号稳定性分析模型

信号稳定分析可准确揭示并网系统平衡点附近的动态稳定性，有利于揭示并网系统的次同步振荡特性，并为后续的附加控制器输入信号的选择提供指导。本小节在建模的基础上，将系统非线性方程在稳态运行点处进行线性化处理，并通过特征值分析与参与因子分析研究双馈风电场并网系统振荡模态，以及不同运行参数对次同步振荡模态相关程度的大小，并进

一步研究了风电机组输入风速、线路拓扑及控制器 PI 参数对次同步振荡模态的影响情况。

5.2.1 双馈风电场并网系统状态方程组

（1）并网系统状态方程。

对于双馈风电机组轴系模型，其状态方程可表示为

$$\begin{cases}2H_t p\Delta\omega_t = T_t - K\Delta\theta - D(\Delta\omega_t - \Delta\omega_r)\\ 2H_g p\Delta\omega_r = K\Delta\theta + D(\Delta\omega_t - \Delta\omega_r) - \Delta T_e\\ p\Delta\theta = \omega_b(\Delta\omega_t - \Delta\omega_r)\end{cases} \tag{5-5}$$

其中

$$\Delta T_e = X_M(i_{qs0}i_{dr} + i_{dr0}i_{qs} - i_{ds0}i_{qr} - i_{dr0}i_{qs0}) \tag{5-6}$$

式中：p 表示微分算子；Δ 为变量在稳定运行点增量；w_t和 w_r分别为风力机和感应发电机的转子角速度；H_t、H_g分别为风力机和感应发电机的惯性时间常数；θ 表示风力机与发电机转子间的角位移；T_w表示风力机的机械转矩；K 表示风力机与发电机转子间的刚度系数；D 表示发电机与风力机之间的互阻尼系数；$w_b=2\pi f$ 可是系统电角度基准值；T_t和 T_e分别表示风力机输入转矩和感应发电机电磁转矩；i_{ds}，i_{ds0}，i_{qs}，i_{qs0}分别表示感应发电机定子 d 轴分量及其在稳定运行点处的初始值和 q 轴分量及其在稳定运行点处的初始值；i_{dr}，i_{dr0}，i_{qr}，i_{qr0}表示感应发电机转子 d 轴分量及其在稳定运行点处的初始值和 q 轴分量及其在稳定运行点处的初始值；X_M为感应电机自感抗。

对于双馈感应发电机，选取定子电流与转子电流为状态变量，并经过线性化处理，其状态方程可表示为

$$pX_g = A_gX_g + B_gU_g \tag{5-7}$$

式中：X_g为系统状态变量；A_g为系统状态矩阵；B_g为系统的输入矩阵；U_g为系统输入变量。其中 X_g、U_g、A_g和 B_g表达式为

$$X_g = [\Delta i_{qs}, \Delta i_{ds}, \Delta i_{0s}, \Delta i_{qr}, \Delta i_{dr}, \Delta i_{0r}]^T \tag{5-8}$$

$$U_g = [\Delta u_{qs}, \Delta u_{ds}, \Delta u_{0s}, \Delta u_{qr}, \Delta u_{dr}, \Delta u_{0r}]^T \tag{5-9}$$

$$A_g = -\omega_b G^{-1}F \tag{5-10}$$

$$B_g = \omega_b G^{-1} \tag{5-11}$$

式中：Δ 为变量在稳定运行点增量；i_{0s}和 i_{0r}分别表示定子和转子电流有效值；G 和 F 为自感抗系数矩阵和阻抗系数矩阵。

$$G = \begin{bmatrix} X_{ss} & 0 & 0 & X_M & 0 & 0\\ 0 & X_{ss} & 0 & 0 & X_M & 0\\ 0 & 0 & X_{1s} & 0 & 0 & 0\\ X_M & 0 & 0 & X_{rr} & 0 & 0\\ 0 & X_M & 0 & 0 & X_{rr} & 0\\ 0 & 0 & 0 & 0 & 0 & X_{1r}\end{bmatrix} \tag{5-12}$$

$$F=\begin{bmatrix} R_s & \frac{\omega_e}{\omega_b}X_{ss} & 0 & 0 & \frac{\omega_e}{\omega_b}X_M & 0 \\ -\frac{\omega_e}{\omega_b}X_{ss} & R_s & 0 & -\frac{\omega_e}{\omega_b}X_M & 0 & 0 \\ 0 & 0 & R_s & 0 & 0 & 0 \\ 0 & \frac{(\omega_e-\omega_r)}{\omega_b}X_M & 0 & R_r & \frac{(\omega_e-\omega_r)}{\omega_b}X_{ss} & 0 \\ -\frac{(\omega_e-\omega_r)}{\omega_b}X_M & 0 & 0 & \frac{(\omega_e-\omega_r)}{\omega_b}X_{ss} & R_r & 0 \\ 0 & 0 & 0 & 0 & 0 & R_r \end{bmatrix} \tag{5-13}$$

式中：X_{ss}、X_{ls}、X_{rr}和X_{lr}分别表示定子自感抗、定子漏感抗、转子自感抗和转子漏感抗；R_s和R_r为分别表示定子电阻和转子电阻。

对于双馈感应发电机组转子侧变频器，在式和式的基础上进行线性化处理，其对应的状态方程可表示为

$$\begin{cases} p\Delta x_1=\Delta\omega_r-\Delta\omega_{ref} \\ p\Delta x_2=\Delta i_{drref}-\Delta i_{dr} \\ p\Delta x_3=\Delta Q_{ref}-\Delta Q_{mear} \\ p\Delta x_4=\Delta U_{ref}-\Delta U_{mear} \\ p\Delta x_5=\Delta i_{grref}-\Delta i_{gr} \end{cases} \tag{5-14}$$

式中：p 为微分算子；Δ 为变量在稳定运行点增量；x_1、x_2、x_3、x_4、x_5表示转子变流器控制器 5 个中间状态变量（转子角速度偏差、转子电流 d 轴分量偏差，无功功率偏差、电压偏差和直流电容侧输出电流偏差）；w_{ref}、i_{dref}、Q_{ref}、U_{ref}和 i_{grref}分别表示转子角速度参考值、转子电流 d 轴分量参考值，无功功率参考值、电压参考值和直流电容侧输出电流参考值。其中：

$$\begin{cases} \Delta i_{drref}=\frac{[K_{p1}(\Delta\omega_r-\Delta\omega_{ref})+K_{i1}\Delta x_1]X_s}{X_M\psi_s} \\ \Delta i_{qrref}=K_{i4}\Delta x_4 \\ \Delta U_{ref}=K_{i3}\Delta x_3 \\ \Delta u_{dr}^1=K_{p2}(\Delta i_{drref}-\Delta i_{dr})+K_{i2}\Delta x_2 \\ \Delta u_{qr}^1=K_{p5}(\Delta i_{qrref}-\Delta i_{qr})+K_{i5}\Delta x_4 \\ \Delta u_{dr}^2=\Delta u_{dr}^1+K_{i2}\Delta x_2+R_r\Delta i_{dr}-s_0X_M\Delta i_{qs}-\Delta sX_M\Delta i_{qs0}-s_0X_{rr}\Delta i_{qr}-\Delta sX_r i_{qr0} \\ \Delta u_{qr}^2=\Delta u_{qr}^1+K_{i2}\Delta x_5+R_r\Delta i_{qr}+s_0X_M\Delta i_{ds}+\Delta sX_M\Delta i_{qs0}+s_0X_{rr}\Delta i_{dr}-\Delta sX_r i_{dr0} \end{cases} \tag{5-15}$$

式中：K_{p1}、K_{i1}表示转子变流器有功功率外环 PI 控制器比例系数和积分系数；K_{p2}、K_{i2}表示转子变流器有功功率内环 PI 控制器比例系数和积分系数；K_{i3}、K_{p4}无功功率和电压积分系数；K_{p5}、K_{i5}表示转子变流器无功功率外环 PI 控制器比例系数和积分系数；u_{dr}^1、u_{qr}^1 分别为转子变流器内环 PI 控制器输出 d 和 q 轴电压分量；u_{dr}^2、u_{qr}^2 为转子变流器输出 d 和 q 轴电压分量。

对于双馈感应发电机组电网侧变频器，对变流器动态模型进行线性化处理，其对应的状态方程可表示为

$$\begin{cases} p\Delta x_6=\Delta U_{d\text{cref}}-\Delta U_{dc} \\ p\Delta x_7=\Delta i_{d\text{gref}}-\Delta i_{dg} \\ p\Delta x_8=\Delta i_{q\text{gref}}-\Delta i_{qg} \end{cases} \tag{5-16}$$

式中：x_5、x_6、x_7表示网侧变流器控制器3个中间状态变量（直流侧电压偏差，网侧变流器输出电流d轴分量偏差和网侧变流器输出电流q轴分量偏差）；$U_{d\text{cref}}$、$i_{d\text{gref}}$和$i_{q\text{gref}}$分别表示直流侧电压参考值、网侧变流器输出电流d轴分量参考值和网侧变流器输出电流q轴分量参考值。其中：

$$\begin{cases} \Delta i_{d\text{gref}}=K_{\text{p6}}(\Delta U_{d\text{cref}}-\Delta U_{dc})+K_{\text{i6}}\Delta x_2 \\ \Delta u_{dg}^1=K_{\text{p7}}(\Delta i_{d\text{gref}}-\Delta i_{dg})+K_{\text{i7}}\Delta x_7 \\ \Delta u_{qg}^1=K_{\text{p8}}(\Delta i_{q\text{gref}}-\Delta i_{qg})+K_{\text{i8}}\Delta x_8 \\ \Delta u_{dg}^2=\Delta u_{dg}^1+\Delta u_{ds}+\omega_{\text{s}}L_{\text{tg}}\Delta i_{qg} \\ \Delta u_{qg}^2=\Delta u_{qg}^1+\Delta u_{qs}-\omega_{\text{s}}L_{\text{tg}}\Delta i_{dg} \\ \Delta i_{dg}=\Delta i_{ds}+\Delta i_{dl} \\ \Delta i_{qg}=\Delta i_{qs}+\Delta i_{ql} \end{cases} \tag{5-17}$$

式中：K_{p6}、K_{i6}表示网侧变流器直流电压外环PI控制器比例系数和积分系数；K_{p7}、K_{i7}表示网侧变流器直流电压内环PI控制器比例系数和积分系数；K_{i3}、K_{p4}无功功率和电压积分系数；K_{p8}、K_{i8}表示网侧变流器无功功率内环PI控制器比例系数和积分系数；u_{dg}^1、u_{qg}^1分别为网侧变流器内环PI控制器输出d和q轴电压分量；u_{dg}^2、u_{qg}^2为网侧变流器输出d和q轴电压分量；i_{dl}和i_{ql}为风电机组从电网线路输入电流d轴和q轴分量。

对于双馈感应发电机组直流环节，其对应的状态方程可表示为

$$CU_{dc}p\Delta U_{dc}=\Delta P_{\text{r}}-\Delta P_{\text{g}} \tag{5-18}$$

式中：Δ为变量在稳定运行点增量；P_{r}和P_{g}分别表示转子侧流向转子变流器的有功功率和网侧变流器流向电网侧的功率。

P_{r}和P_{g}可进一步表示为

$$\begin{cases} \Delta P_{\text{r}}=\dfrac{1}{2}(\Delta u_{dr}i_{dr0}+u_{dr0}\Delta i_{dr}+\Delta u_{qr}i_{qr0}+u_{qr0}\Delta i_{qr}) \\ \Delta P_{\text{g}}=\dfrac{1}{2}(\Delta u_{dg}i_{dg0}+u_{dg0}\Delta i_{dg}+\Delta u_{qg}i_{qg0}+u_{qg0}\Delta i_{qg}) \end{cases} \tag{5-19}$$

式中：Δ为变量在稳定运行点增量；i_{dr0}和i_{qr0}分别表示转子侧变流器输入电流d轴分量和q轴分量在稳态运行处的初始值；u_{dr0}和u_{qr0}分别表示转子侧变流器输出电压d轴分量和q轴分量在稳态运行处的初始值；i_{dg0}和i_{qg0}分别表示网侧变流器输出电流d轴分量和q轴分量在稳态运行处的初始值；u_{dg0}和u_{qg0}分别表示网侧变流器输出电压d轴分量和q轴分量在稳态运行处的初始值。

对串联电容补偿线路电流及补偿电容电压进行线性化处理，忽略变压器饱和特性与线路分布电容等因素的影响，串联电容补偿线路状态方程可表示为

$$
\begin{cases}
p\Delta u_{dc}=\omega_b(\omega_e\Delta U_{qc}+u_{qc0}\Delta\omega_e+X_C\Delta i_{dl}) \\
p\Delta u_{qc}=\omega_b(\omega_e\Delta U_{dc}+u_{dc0}\Delta\omega_e+X_C\Delta i_{ql}) \\
p\Delta i_{dl}=\dfrac{\omega_b}{X_L+X_T}\left(-R_L\Delta i_{ql}+(X_L+X_T)\Delta i_{dl}+\dfrac{(X_L+X_T)}{\omega_e}i_{dl0}\Delta\omega+\Delta u_{qs}-\Delta u_{qc}-\Delta u_{0q}\right) \\
p\Delta i_{ql}=\dfrac{\omega_b}{X_L+X_T}\left(-R_L\Delta i_{dl}+(X_L+X_T)\Delta i_{ql}+\dfrac{(X_L+X_T)}{\omega_e}i_{ql0}\Delta\omega+\Delta u_{ds}-\Delta u_{dc}-\Delta u_{0d}\right)
\end{cases}
\tag{5-20}
$$

式中：u_{qc0}、u_{dc0}为串联电容电压两端的 dq 轴分量的稳态量；i_{dl}、i_{ql}分别为流经线路电流的 d 轴分量和 q 轴分量的稳态值；u_{od}、u_{oq}分别为电网电压的 d 轴分量和 q 轴分量。

联立式（5-5）～式（5-20）可得到双馈风电场并网系统小信号稳定分析的系统状态方程，其表达式为

$$
p\Delta x=A_{sys}\Delta x \tag{5-21}
$$

式中：A_{sys}为系统小信号稳定的状态矩阵；Δx 为输入状态变量。

系统状态方程（5-21）由 6 阶双馈感应发电机模型、3 阶传动链模型、5 阶转子侧变流器控制模型、3 阶电网侧控制模型、1 阶直流环节模型，以及 4 阶串联电容补偿线路模型构成。

（2）稳态运行点参数的确定。

采用特征值分析揭示并网系统平衡点附近的动态稳定性需要已知稳态运行点的参数信息。当双馈风电场输入风速、变流器控制参数及线路补偿度的参数已知时，可通过联立方程获取并网系统的稳态运行点参数。

当风电机组输入风速已知时，风能利用系数曲线确定最佳叶尖速比，进而可得到风力机转速的稳态值 w_{t0}。稳态运行点处，风力机电角速度与发电机转子转速相等，因此，可得到发电机转子转速的稳态值 w_{r0}和风电机组输出功率稳态值 P_{m0}。另外，由于直流电容环节电压保持恒定，因此，由双馈风电机组参数可得到其稳态值 U_{dc0}。

双馈风电场并网系统电流与电压参数的稳态值并不能直接获取，需要联立方程组进行求解。双馈风电机组的功率平衡方程可表示为

$$
\begin{cases}
P_{s0}+P_{r0}+P_w^*=0 \\
Q_{s0}-Q_s^*=0
\end{cases}
\tag{5-22}
$$

式中：P_{s0}、P_{r0}、Q_{s0}分别表示定子输出有功功率、转子输出有功功率和定子输出无功功率在稳态点处的初始值；P_w^* 和 Q_s^* 为风力机捕获有功功率和定子侧输出无功功率在稳态点处的参考值。其中：

$$
\begin{cases}
P_{s0}=\dfrac{1}{2}(u_{qs0}i_{qs0}+u_{ds0}i_{ds0}) \\
P_{r0}=\dfrac{1}{2}(u_{qr0}i_{qr0}+u_{dr0}i_{dr0}) \\
Q_{s0}=\dfrac{1}{2}(u_{qs0}i_{ds0}-u_{ds0}i_{qs0})
\end{cases}
\tag{5-23}
$$

同样，线路侧的功率平衡方程可表示为

$$\begin{cases} P_{L0}+P_{s0}+P_{g0}=0 \\ Q_{L0}-Q_{s0}+Q_{g0}=0 \end{cases} \tag{5-24}$$

式中：P_{L0}和Q_{L0}分别表示风电机组在稳态点处输到线路的有功功率和无功功率初始值；P_{g0}和Q_{g0}网侧变流器在稳态点处输出有功功率和无功功率初始值。其中：

$$\begin{cases} P_{L0}=\dfrac{1}{2}(u_{qs0}i_{ql0}+u_{ds0}i_{dl0}) \\ P_{g0}=\dfrac{1}{2}(u_{qg0}i_{qg0}+u_{dg0}i_{dg0}) \\ Q_{L0}=\dfrac{1}{2}(u_{qs0}i_{dl0}-u_{ds0}i_{ql0}) \\ Q_{s0}=\dfrac{1}{2}(u_{qs0}i_{ds0}-u_{ds0}i_{qs0}) \\ Q_{g0}=\dfrac{1}{2}(u_{qg0}i_{dq0}-u_{dg0}i_{qg0}) \end{cases} \tag{5-25}$$

当系统处于稳态运行点时，式（5-7）和式（5-18）等式左侧大小为0，并与式（5-22）和式（5-24）联立，通过求解含14个未知变量的14阶方程组，可获得以下状态变量的稳态运行点参数：

$$X_0=[i_{qs0}\,i_{ds0}\,i_{0s0}\,i_{qr0}\,i_{dr0}\,i_{0r0}\,i_{ql0}\,i_{dl0}\,u_{qc0}\,u_{dc0}\,u_{qr0}\,u_{dr0}\,u_{qg0}\,u_{dg0}] \tag{5-26}$$

当电网侧交直轴电压的稳态运行点已知时，即可确定电网侧交直轴电流的稳态运行点，其表达式为

$$\begin{cases} i_{qg0}=\dfrac{u_{ds0}-u_{dg0}}{X_{tg}} \\ i_{dg0}=\dfrac{u_{qs0}-u_{qg0}}{X_{tg}} \end{cases} \tag{5-27}$$

式中：X_{tg}为网侧变流器的等效感抗。

至此已建立了并网系统状态方程，并确立了各状态变量的稳态运行参数点，为后续特征值分析与参与因子分析打下了基础。

5.2.2 风电机组并网系统小信号稳定性分析

1. 特征值分析

李雅普诺夫第一法揭示了特征值与系统稳定性的关系。特征值具有较为明确的物理意义，实部对应的为阻尼，虚部对应的为振荡频率，其大小为

$$f=\frac{\omega}{2\pi} \tag{5-28}$$

基于特征值分析，可无需求解并网系统的微分方程而对并网系统的稳定性进行分析。本案例中，设置风电场输入风速保持为8m/s。针对双馈风电场并网系统进行特征值分析，得到不同串联补偿度下双馈风电场并网系统的特征值，见表5-1。由于纯实数的特征值与系统

的振荡模态无关，因而表中只列举了含共轭特征根对应的模态。

表 5-1　　　　不同串联补偿度下双馈风电场并网系统的特征值

	30%补偿度	50%补偿度	70%补偿度
$\lambda_{1,2}$	−2301.50±j 947.77	−2299.58±j 948.11	−2297.81±j 949.12
$\lambda_{3,4}$	−9.25±j 451.47	−10.72±j 490.55	−12.09±j 522.12
$\lambda_{5,6}$	−2.35±j 177.04	0.01±j 138.47	3.19±j 109.55
$\lambda_{7,8}$	−19.07±j 45.77	−21.70±j 44.51	−25.12±j 43.86
$\lambda_{9,10}$	−0.50±j 5.61	−0.50±j 5.62	−0.50±j 5.62
$\lambda_{11,12}$	−0.63±j 1.44	−0.77±j 1.54	−0.99±j 1.68
$\lambda_{13,14}$	−0.03±j 0.01	−0.03±j 0.01	−0.04±j 0.01

由表 5-1 可知，振荡模态 $\lambda_{3,4}$ 为超同步模态，其振荡频率在 30%、50%、70%串联电容补偿度下对应的振荡频率分别为 71.85、78.07、83.09Hz，其大小随着串联电容补偿度的增大而增加；而与之相对，振荡模态 $\lambda_{5,6}$ 为次同步振荡模态，其振荡频率在 30%、50%、70%串联电容补偿度下对应的振荡频率分别为 28.17、22.03、17.43Hz，其大小随着串联电容补偿度的增大而减小。进一步发现，振荡模态 $\lambda_{3,4}$ 与振荡模态 $\lambda_{5,6}$ 的振荡频率存在明显的互补关系，即 $f(\lambda_{3,4})+f(\lambda_{5,6})\approx 100$。此外，超同步模态的特征值实部随着串联电容补偿度的增大而增大，对应的阻尼均为正值，振荡随时间衰减。次同步振荡模态的特征值实部随着串联电容补偿度的增大而减小，当系统串联电容补偿度为 50%时，对应的阻尼接近为 0，系统发生等幅振荡。而随着补偿度进一步上升至 70%，其特征值实部为正，对应的阻尼为负，系统发生增幅振荡。

此外，还存在振荡频率数倍于工频分量的模态 $\lambda_{1,2}$、与输入风速相关的模态 $\lambda_{7,8}$、与风力机轴系相关的振荡模态 $\lambda_{9,10}$，以及与控制器相关的振荡模态 $\lambda_{11,12}$ 与 $\lambda_{13,14}$，鉴于其在不同串联补偿度下特征值实部都为负值，即振荡衰减稳定，因而后续主要关注 $\lambda_{5,6}$ 对应的次同步振荡模态。

2. 参与因子分析

参与因子可用于定量衡量各个状态变量对系统某个模态的影响大小，特征值的参与因子定义为

$$p_{ki}=\frac{|V_{ik}|\,|W_{ki}|}{\sum_{k=1}^{n}|V_{ik}|\,|W_{ki}|} \tag{5-29}$$

式中：p_{ki} 表示第 i 个状态变量对第 k 个模态影响大小。W_{ik} 表示第 i 个状态变量在第 k 个模态下的左特征向量值，V_{ik} 表示第 i 个状态变量在第 k 个模态下的右特征向量值。

风速为 8m/s 时，不同串联电容补偿度下次同步振荡模态 $\lambda_{5,6}$ 对应的参数因子大小，见表 5-2。表中所示结果表明，定子与转子电流、双馈风电机组转子侧内环状态变量、线路补偿电容电压状态变量对于次同步振荡模态 $\lambda_{5,6}$ 具有较大参与因子，其中，定子与转子电流对次同步模态的相关性最为显著。

表 5-2　风速为 8m/s 时，不同串联电容补偿度下次同步振荡模态 $\lambda_{5,6}$ 对应的参与因子大小

	30%补偿度	50%补偿度	70%补偿度
λ_{ssr}	−2.355±j177.050	−0.003±j 138.478	3.175±j 109.574
i_{ds}	0.201	0.205	0.213
i_{qs}	0.200	0.204	0.210
i_{dr}	0.213	0.214	0.221
i_{qr}	0.214	0.216	0.217
x_2	0.038	0.039	0.036
x_4	0.038	0.034	0.032
v_{qc}	0.042	0.036	0.029
v_{dc}	0.053	0.040	0.030

5.2.3　次同步振荡模态影响因素分析

1. 风速影响分析

双馈风电机组的输入风速主要对系统的稳态运行点产生影响，随着风速的增大，双馈风电机组的输出功率逐渐增加。保持双馈风电机组台数恒定，改变风速从 7～11m/s 变化，不同的串联电容补偿度下风速对次同步振荡模态特征值实部及振荡频率的影响，如图 5-2 所示。可看出，在同一串联电容补偿度下，随着风速的增加，次同步振荡模态的振荡频率逐渐上升，次同步振荡模态的特征值实部逐渐减小，对应的阻尼逐渐增大。因而，较高的风速有利于并网系统的稳定。

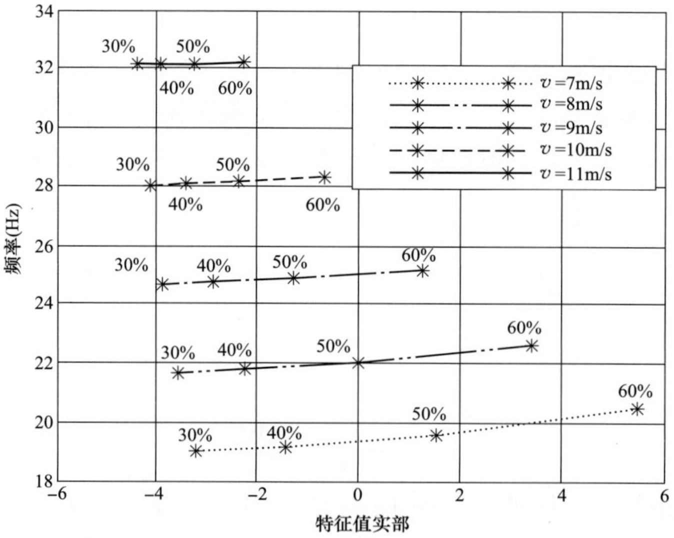

图 5-2　不同的串联电容补偿度下风速对次同步振荡模态特征值实部及振荡频率的影响

2. 线路拓扑影响分析

双馈风电机组经 T 形串联电容补偿线路并网系统下补偿传输线路示意，如图 5-3 所示。

图 5-3 中，在传统串联电容补偿输电线路 AB 的基础上，新增添了一条分支线路 CD 与原先串联电容补偿输电线路交于点 C，通过参数 $a \in [0, 1]$ 来确定接入的具体位置。当 $a=0.5$ 时，C 点位于输电线路 AB 的中点。假设原先输电线路阻抗均匀分布，因而，线路 AC 与线路 BC 等效阻抗均是与接入位置 a 相关的函数。图 5-3 中所示的 1、2 分别为线路 AB 的串联电容补偿度及线路 CD 的串联电容补偿度。随着双馈风电场并网系统的线路拓扑发生改变，并网系统次同步振荡模态特征值实部与虚部均会发生相应的改变，线路拓扑对次同步振荡模态阻尼的影响，如图 5-4 所示。线路拓扑对次同步振荡模态频率的影响，如图 5-5 所示。

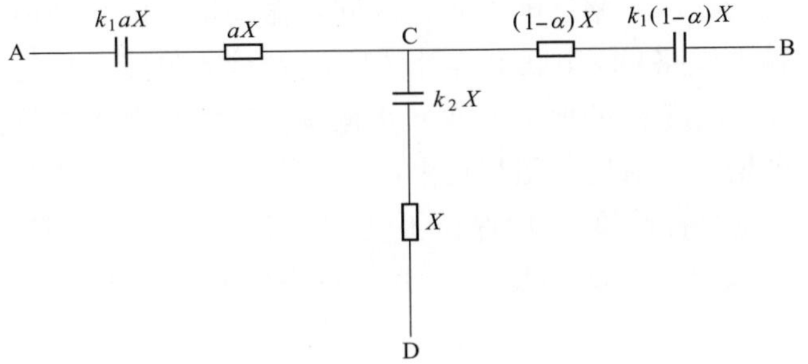

图 5-3 双馈风电机组经 T 形串联电容补偿线路并网系统下补偿传输线路示意

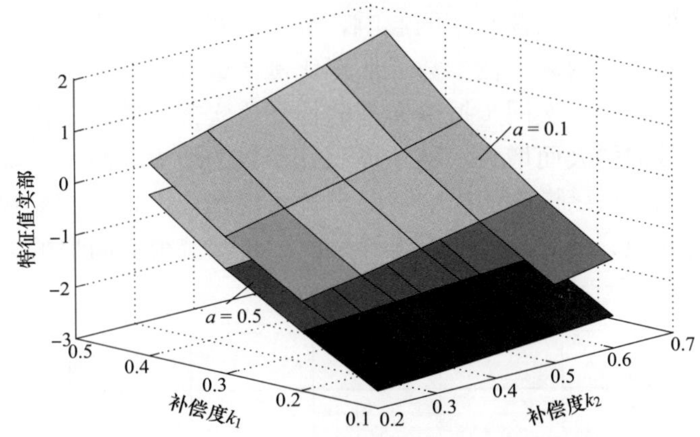

图 5-4 线路拓扑对次同步振荡模态阻尼的影响

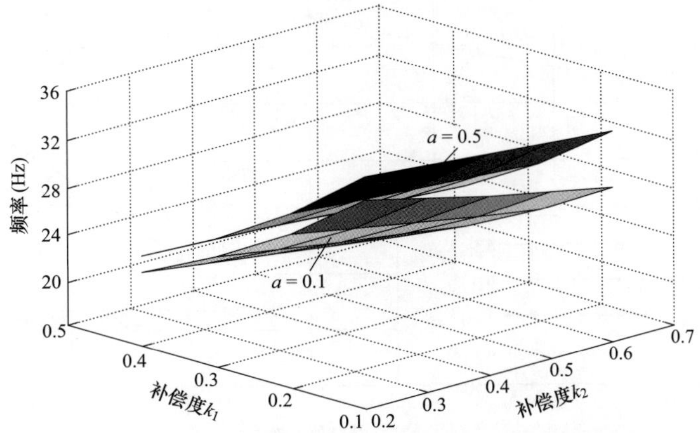

图 5-5 线路拓扑对次同步振荡模态频率的影响

由图 5-4 可看出，在双馈风电场保持输入风速恒定的情况下，随着线路串联电容补偿度的增加，次同步振荡模态的振荡频率逐渐上升，次同步振荡模态的特征值实部逐渐增大，对应的阻尼逐渐减小。因而，较高的串联电容补偿度不利于并网系统的稳定。

在 T 形串联电容补偿线路下，原先并网系统的次同步振荡模态依旧存在，此外，新增加了一个与串联电容补偿度 k_1、k_2 及接入位置 a 均相关的次同步振荡模态，图 5-5 揭示了串联电容补偿度及接入位置对新增加次同步振荡模态的影响情况。可看出，在输电线路 AB 串联电容补偿度 k_1 及接入位置 a 保持不变的情况下，随着输电线路 CD 串联电容补偿度 k_2 的增加，次同步振荡模态的振荡频率逐渐下降，次同步振荡模态的特征值实部逐渐增大，对应的阻尼逐渐减小。在输电线路 CD 串联电容补偿度 k_2 及接入位置 a 保持不变的情况下，随着输电线路 AB 串联电容补偿度 k_1 的增加，次同步振荡模态的振荡频率逐渐下降，次同步振荡模态的特征值实部逐渐增大，对应的阻尼逐渐减小。此外，在输电线路 AB 串联电容补偿度 k_1 及输电线路 CD 串联电容补偿度 k_2 均保持不变的情况下，接入位置更靠近 A 点，次同步振荡模态的振荡频率逐渐降低，次同步振荡模态的特征值实部更大，更有可能发生次同步振荡。

3. 变流器控制参数影响分析

保持输入风速为 8m/s，串联电容补偿度为 20%，不同的转子侧变流器 PI 控制参数对次同步振荡模态特征值实部及振荡频率的影响，如图 5-6 所示。由图 5-6 可看出，次同步振荡模态的振荡频率随着转子内环比例参数、外环比例参数及外环积分参数的增大而增大，随外环积分参数的增大而减小。次同步振荡模态的特征值实部随着转子内环比例参数、外环比例参数及内环积分参数的增大而增大，随外环积分参数的增大而减小。综合比较双馈风电机组控制参数对系统次同步振荡模态的影响情况影响可得到，内环比例参数对次同步振荡模态的影响最为显著，内环积分参数的增大也将导致次同步振荡模态阻尼的下降，不利于并网系统的稳定运行。

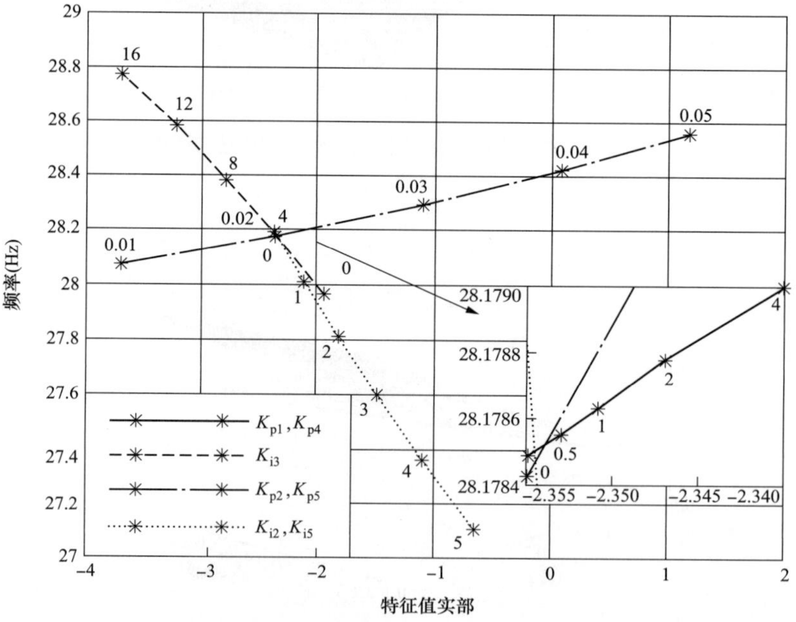

图 5-6　不同的转子侧变流器 PI 控制参数对次同步振荡模态特征值实部及振荡频率的影响

5.2.4 案例分析

为验证双馈风电场并网系统小信号稳定性分析的正确性，以图 5-1 所示的双馈风电场并网系统为例进行了案例分析。首先使并网系统运行在 20%串联电容补偿度的工况下，在 0.5s 时刻附加的补偿电容投入使线路的串联电容补偿度上升至 50%。案例了双馈风电机组不同输入风速下的转子转速与电磁转矩动态响应曲线，如图 5-7 和图 5-8 所示。

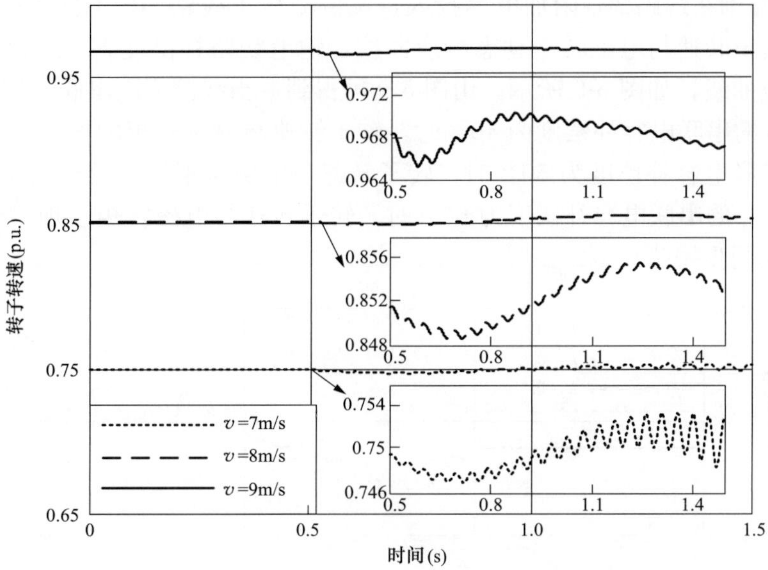

图 5-7 双馈风电机组不同输入风速下的转子转速动态响应曲线

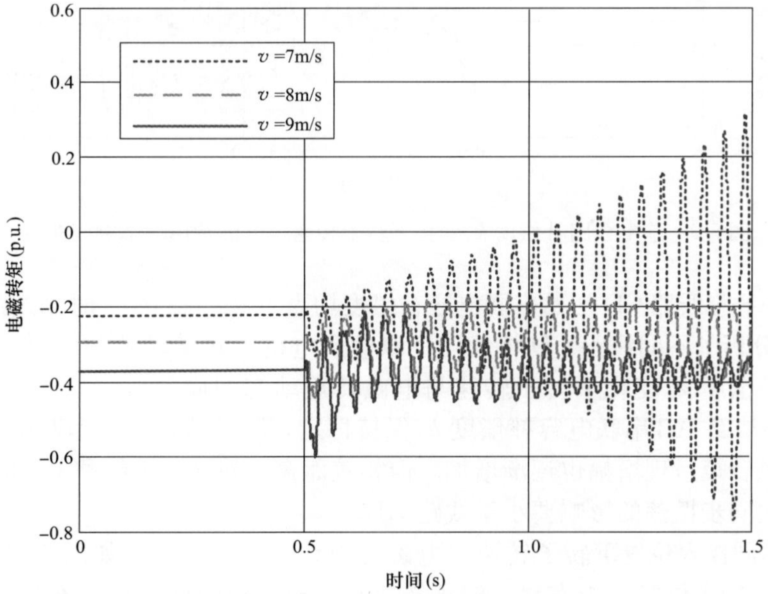

图 5-8 双馈风电机组不同输入风速下的电磁转矩动态响应曲线

从图 5-7 和图 5-8 中可看出，当输入风速为 9m/s 时，转子转速与电磁转矩在经历一段暂态过程后，振荡逐渐衰减；当输入风速为 8m/s 时，转子转速与电磁转矩近似呈现等幅振荡的趋势；当输入风速为 8m/s 时，转子转速与电磁转矩呈现增幅振荡的趋势，并网系统发生次同步振荡。时域案例仿真结果验证了风速对次同步振荡分析结果的正确性。

针对 T 形串联电容补偿线路拓扑结构，保持初始风速为 8m/s，新增分支线路 CD 接于原先串联电容补偿输电线路 AB 的中点，线路 AB 与线路 CD 初始串联电容补偿度均为 40%，在 0.5s 时刻在线路 AB 附加电容投入，案例分析了线路 AB 不同串联电容补偿度下双馈风电机组转子转速与电磁转矩动态响应曲线，输电线路补偿度 k_1 变化下转子转速与电磁转矩动态响应曲线，如图 5-9 所示。由图 5-9 可得到，当线路 CD 串联电容补偿度 k_2 保持恒定，线路 AB 的串联电容补偿度为 40%时，转子转速与电磁转矩的振荡随时间逐渐衰减；当线路 AB 的串联电容补偿度为 50%时，转子转速与电磁转矩振荡幅值大于补偿度 40%的情形；当线路 AB 的串联电容补偿度为 60%时，转子转速与电磁转矩呈现增幅振荡的趋势，并网系统发生次同步振荡。

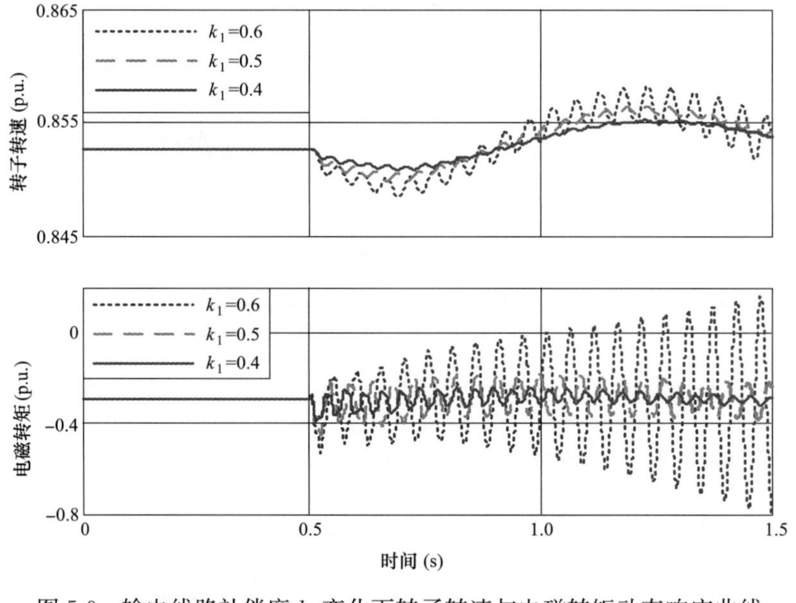

图 5-9　输电线路补偿度 k_1 变化下转子转速与电磁转矩动态响应曲线

保持线路 AB 与线路 CD 初始串联电容补偿度均为 40%，在 0.5s 时刻线路 AB 补偿度升至 60%，案例分析了不同线路 CD 补偿度下双馈风电机组转子转速与电磁转矩动态响应曲线，输电线路补偿度 k_2 变化下转子转速与电磁转矩动态响应曲线，如图 5-10 所示。由图 5-10可得到，当线路 AB 串联电容补偿度 k_1 保持恒定，随着线路 CD 串联电容补偿度增大，转子转速与电磁转矩呈现增幅也逐渐增加。但相较而言，并网系统线路 CD 的串联电容补偿度对并网系统次同步振荡的影响要小于线路 AB。

线路 CD 不同接入位置下转子转速与电磁转矩动态响应曲线，如图 5-11 所示。由图 5-11 可看出，随着接入位置 C 点右移，转子转速与电磁转矩的振荡幅值不断减小，更有利于并网系统的稳定运行。

针对双馈风电机组转子侧内环比例参数对并网系统次同步振荡的影响情况，保持初始风

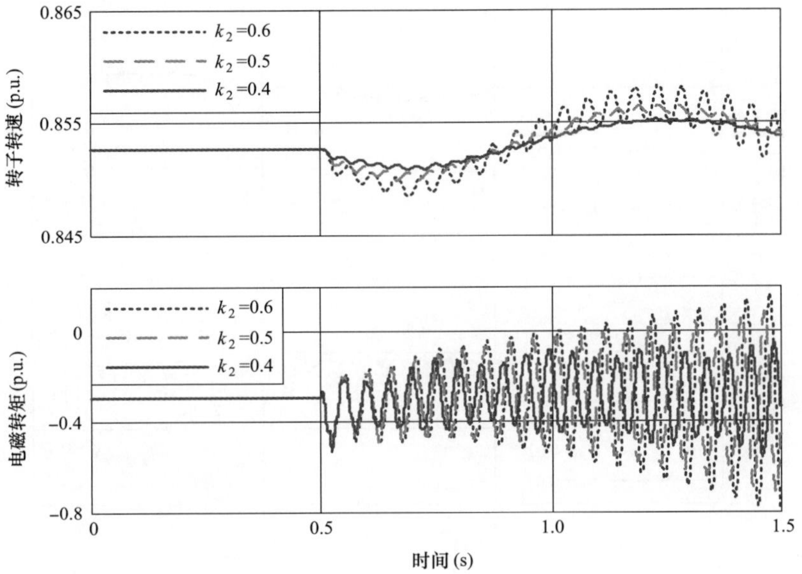

图 5-10　输电线路补偿度 k_2 变化下转子转速与电磁转矩动态响应曲线

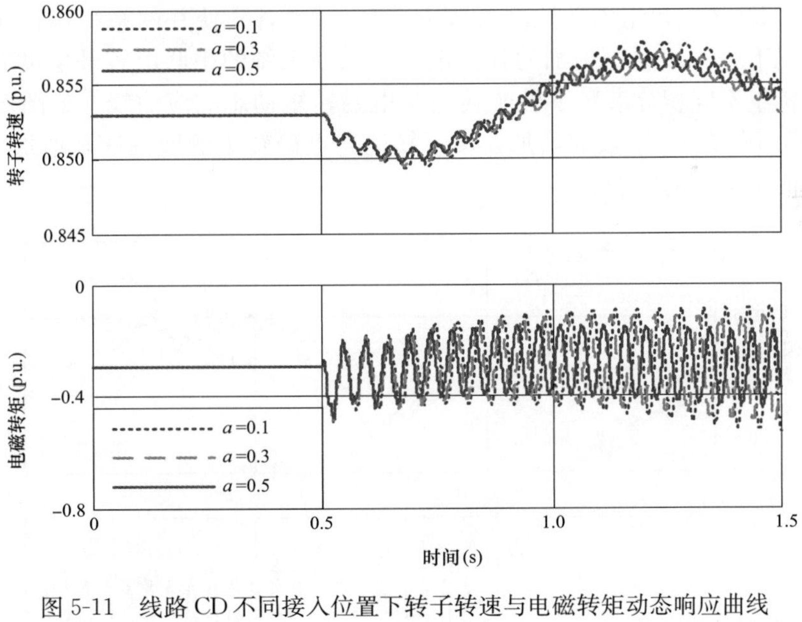

图 5-11　线路 CD 不同接入位置下转子转速与电磁转矩动态响应曲线

速为 8m/s，取双馈风电机组内环积分参数 K_{i2} 为 0.1，首先使并网系统运行在 20%串联电容补偿度的工况下，0.5s 时刻附加的补偿电容投入使系统的串联电容补偿度升至 50%。仿真结果给出了风电机组不同内环比例参数下转子转速与电磁转矩动态响应曲线，如图 5-12 所示。由图 5-12 可得到，当双馈风电机组内环比例参数 K_{p2} 为 0.01 时，转子转速与电磁转矩振荡随时间逐渐衰减；当双馈风电机组内环比例参数 K_{p2} 为 0.02 时，转子转速与电磁转矩随时间呈现轻微振荡发散的趋势；当双馈风电机组内环积分参数 K_{p2} 为 0.03 时，转子转速与电磁转矩呈现增幅振荡的趋势，并网系统发生次同步振荡。

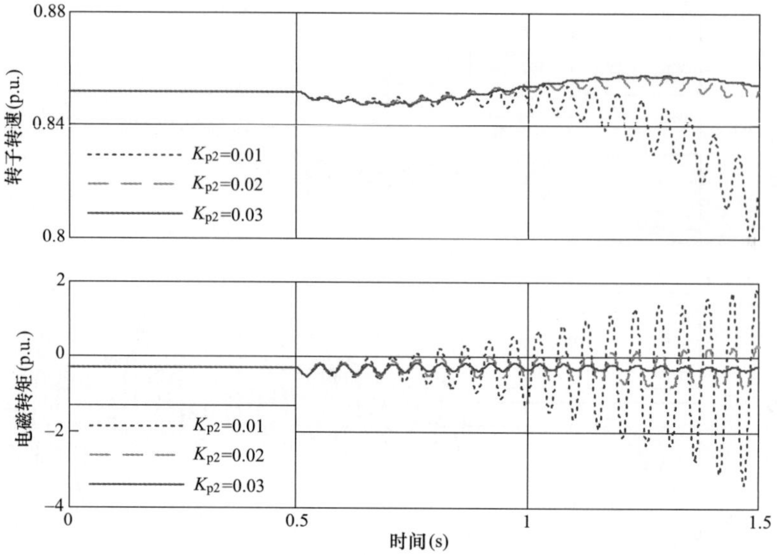

图 5-12　双馈风电机组不同内环比例参数下转子转速与电磁转矩动态响应曲线

针对双馈风电机组转子侧内环积分参数对并网系统次同步振荡的影响情况，保持初始风速为 8m/s，取双馈风电机组内环比例参数 K_{p2} 为 0.1，首先使并网系统运行在 20%串联电容补偿度的工况下，0.5s 时刻附加的补偿电容投入使系统的串联电容补偿度升至 50%。案例了双馈风电机组不同积分参数下转子转速与电磁转矩动态响应曲线，如图 5-13 所示。由图 5-13 可得到，随着积分参数的增加，转子转速与电磁转矩的增幅逐渐增加，对并网系统的稳定运行造成了不利的影响。

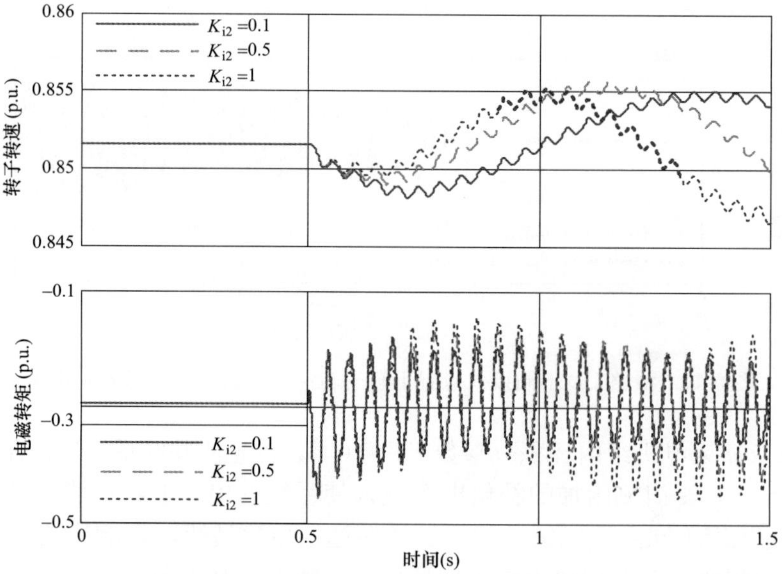

图 5-13　双馈风电机组不同内环积分参数下转子转速与电磁转矩动态响应曲线

比较图 5-12 和图 5-13 案例结果可得到，转子内环比例参数对次同步振荡的影响更为显著，随着内环比例参数的增大，并网系统稳定性下降，系统更有可能发生次同步振荡。转子内环积分参数的增大同样不利于并网系统的稳定运行。

5.3 基于转子电流移相平均的次同步振荡的抑制研究

5.3.1 引言

基于虚拟阻抗的附加阻尼控制器的设计需要对双馈风电场并网系统的参数进行准确的辨识。但由于并网系统参数辨识容易存在偏差，风电场控制器相关的详细参数也难以准确获得，如何设计不依赖并网系统参数，并对次同步振荡有抑制效果的控制器具有重要的研究意义。在双馈风电场并网系统小信号稳定分析的基础上，选取与次同步振荡模态最为相关的转子电流作为附加控制器的输入信号。在对转子电流成分进行分析的基础上，提出了基于转子电流移相平均的次同步振荡抑制策略，该抑制策略不仅能快速抑制系统次同步振荡，且对量测频率的误差具有较好的鲁棒性。

5.3.2 基于转子电流移相平均的次同步振荡抑制研究

1. 输入信号的选择

对于次同步振荡附加控制器，选取不同的输入信号，其抑制效果不尽相同。根据5.2.2节对双馈风电场并网系统进行参与因子分析得到：对于并网系统次同步振荡模态，定子与转子电流、转子侧内环状态变量、线路补偿电容电压状态变量具有较大参与因子，而其中转子电流的参与因子最大。因而可认为，转子电流与次同步模态的相关性最为显著。根据5.2.3节变流器控制参数影响分析得到：在双馈风电机组变流器内环PI参数中，转子侧内环比例系数对次同步振荡模态的影响最为显著，转子内环积分系数的增大同样也将导致次同步振荡模态阻尼的减小，不利于并网系统的稳定运行。由于双馈风电机组转子侧变流器控制系统中，转子电流偏差量将直接通过双馈风电机组转子侧电流内环。因此，当系统发生扰动激励时，转子电流的偏差量将通过电流内环被放大，影响转子侧变流器的输入电压，进而威胁并网系统的稳定运行。选取转子电流作为输入信号进行附加控制，能快速降低转子电流偏差量，从而有利于并网系统次同步振荡的抑制。因而，选取转子电流作为输入信号，其附加控制器的接入位置，如图5-14所示。图中，U_{ref}，U_{meas}分别为定子电压参考值与测量值；ω_{ref}，ω_r为转子转速参考值和测量值；ψ_s为定子磁链。

2. 转子电流成分分析

双馈风电场并网系统的自然谐振频率可表示为

$$\omega_n = 2\pi f_n = 2\pi f_0 \sqrt{\frac{X_C}{X_{tot}}} \tag{5-30}$$

式中：f_n为并网系统的次同步振荡频率；f_0为并网系统基波频率；X_{tot}为包括双馈风电场等值电抗、线路变压器电抗及线路电抗在内的并网系统总电抗。

当线路中出现次同步谐振角频率为ω_n的电流扰动时，忽略谐波及双馈风电机组电网侧变流器动态的影响，双馈风电机组定子电流将含有谐振角频率为ω_n的电流分量，其表达式为

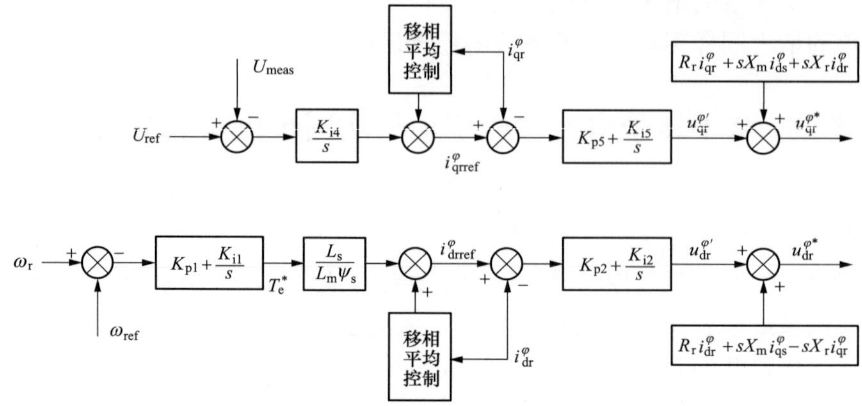

图 5-14 基于移相平均的次同步振荡抑制策略输入信号选择

$$\begin{cases} i_{as}=\sqrt{2}I_s\sin(\omega_s t+\varphi_{is})+\sqrt{2}I_{sn}\sin(\omega_n t+\varphi_{isn}) \\ i_{bs}=\sqrt{2}I_s\sin\left(\omega_s t+\varphi_{is}-\frac{\pi}{3}\right)+\sqrt{2}I_{sn}\sin\left(\omega_n t+\varphi_{isn}-\frac{\pi}{3}\right) \\ i_{cs}=\sqrt{2}I_s\sin\left(\omega_s t+\varphi_{is}+\frac{\pi}{3}\right)+\sqrt{2}I_{sn}\sin\left(\omega_n t+\varphi_{isn}+\frac{\pi}{3}\right) \end{cases} \tag{5-31}$$

式中：i_{as}、i_{bs}、i_{cs}为定子三相电流；ω_s 为定子电角速度；I_s、φ_{is}为双馈风电机组定子基波电流的有效值与初相角；I_{sn}、φ_{isn}为定子次同步电流分量对应的有效值与初相角。

将三相定子电流变换到同步旋转 dq 坐标系，可得到

$$\begin{cases} i_{ds}=-\sqrt{3}I_s\sin(\varphi_{i0s}-\varphi_{is})-\sqrt{3}I_{sn}\sin[(\omega_s-\omega_n)t+\varphi_{i0s}-\varphi_{isn}]=i_{ds0}+i_{ds\_sub} \\ i_{qs}=-\sqrt{3}I_s\cos(\varphi_{i0s}-\varphi_{is})-\sqrt{3}I_{sn}\cos[(\omega_s-\omega_n)t+\varphi_{i0s}-\varphi_{isn}]=i_{qs0}+i_{qs\_sub} \end{cases} \tag{5-32}$$

式中：i_{ds}、i_{qs}分别为定子电流 dq 轴分量；φ_{i0s}为初始时刻定子电流 d 轴与 a 轴的夹角；i_{ds_sub}、i_{qs_sub}为定子电流的次同步分量；I_s和 I_{sn}为定子电流幅值和额定值。

定子的三相次同步电流分量形成的旋转磁场切割转子绕组，将在转子绕组中感应出角频率为 $\omega_r-\omega_n$ 的三相次同步电流分量，其表达式为

$$\begin{cases} i_{ar}=\sqrt{2}I_r\sin[(\omega_s-\omega_r)t+\varphi_{ir}]+\sqrt{2}I_{rn}\sin[(\omega_n-\omega_r)t+\varphi_{irn}] \\ i_{br}=\sqrt{2}I_r\sin\left[(\omega_s-\omega_r)t+\varphi_{ir}-\frac{\pi}{3}\right]+\sqrt{2}I_{rn}\sin\left[(\omega_n-\omega_r)t+\varphi_{irn}-\frac{\pi}{3}\right] \\ i_{cr}=\sqrt{2}I_r\sin\left[(\omega_s-\omega_r)t+\varphi_{ir}+\frac{\pi}{3}\right]+\sqrt{2}I_{rn}\sin\left[(\omega_n-\omega_r)t+\varphi_{irn}+\frac{\pi}{3}\right] \end{cases} \tag{5-33}$$

式中：i_{ar}、i_{br}、i_{cr}为转子三相电流；I_r、φ_{ir}为双馈风电机组转子基波电流的有效值和初相角；I_{rn}、φ_{irn}为转子次同步电流分量对应的有效值与初相角。

将三相转子电流变换到同步旋转 dq 坐标系，可得到

$$\begin{cases} i_{dr}=-\sqrt{3}I_r\sin(\varphi_{i0r}-\varphi_{ir})-\sqrt{3}I_r\sin[(\omega_s-\omega_n)t+\varphi_{i0r}-\varphi_{irn}]=i_{dr0}+i_{dr\_sub} \\ i_{qr}=-\sqrt{3}I_r\cos(\varphi_{i0r}-\varphi_{ir})-\sqrt{3}I_r\cos[(\omega_s-\omega_n)t+\varphi_{i0r}-\varphi_{irn}]=i_{qr0}+i_{qr\_sub} \end{cases} \tag{5-34}$$

式中：i_{dr}、i_{qr}分别为转子电流的 dq 轴分量；φ_{i0r}为初始时刻转子电流 d 轴与 a 轴的夹角；i_{dr0}、i_{qr0}为转子电流的直流分量；i_{dr_sub}、i_{qr_sub}为转子电流的次同步分量。

假定控制环节能实现对转子侧基波电流分量的准确追踪，因此，转子侧电压将在基波分量的基础上叠加次同步分量，其中，转子电压的次同步分量由两部分组成，一部分由转子电流偏差量经双馈风电机组转子侧内环 PI 环节产生，另一部分由补偿环节引入。dq 轴坐标系下转子侧电压次同步分量为可表示为

$$\begin{cases} u_{dr\_sub}=\left(K_{p2}+\dfrac{K_{i2}}{p}\right)i_{dr\_sub}+R_{r}i_{dr\_sub}-s_{slip}X_{M}i_{qs\_sub}-s_{slip}X_{rr}i_{qr\_sub} \\ u_{qr\_sub}=\left(K_{p5}+\dfrac{K_{i5}}{p}\right)i_{qr\_sub}+R_{r}i_{dr\_sub}+s_{slip}X_{M}i_{qs\_sub}+s_{slip}X_{rr}i_{qr\_sub} \end{cases} \tag{5-35}$$

式中：u_{dr_sub}、u_{qr_sub}为转子电压的次同步分量。i_{ds_sub}、i_{qs_sub}为转子电流的次同步分量；p 为积分算子。

当转子电压的次同步分量反作用于转子绕组时，将在转子侧产生新的次同步电流。当转子电流与转子电压相互助增时，次同步频率下的次同步电流将形成正反馈而逐渐增大，从而加剧并网系统发生次同步振荡的风险。

3. 振荡模式识别

双馈风电机组转子电压与转子电流的次同步分量相互助增将会对并网系统的稳定运行产生不利的影响，因此，对次同步分量振荡幅值与频率快速准确的识别将有利于后续次同步振荡抑制策略的设计。普罗尼分析法用指数函数的一个线性组合来描述等间距采样，该方法无须求解电力系统状态方程，通过案例数据或实测数据直接估算目标信号的幅值、相位、频率。双馈风电机组转子电流离散时间的函数可表示为

$$\begin{gathered} \hat{X}_{idr}(n)=\sum_{i=1}^{p}b_{i}z_{i}^{n},\quad n=0,1,\cdots,N-1 \\ b_{i}=A_{i}e^{j\theta_{i}},z_{i}=e^{(a_{i}+j2\pi f_{i})\Delta t} \end{gathered} \tag{5-36}$$

式中：$\hat{X}_{idr}(n)$ 为对转子电流测量数据 $X_{idr}(n)$ 的近似；Δt 为采样间隔。经过式（5-56）变换可得出转子电流信号幅值 A_i、初相 θ_i、频率 f_i：

$$\begin{cases} A_{i}=|b_{i}| \\ \theta_{i}=\arctan[\mathrm{Im}(b_{i})/\mathrm{Re}(b_{i})]/2\pi\Delta t \\ f_{i}=\arctan[\mathrm{Im}(z_{i})/\mathrm{Re}(z_{i})]/2\pi\Delta t \end{cases} \tag{5-37}$$

式中：Δt 为采样间隔；b_i 、z_i 为式 5-55 中假定的复数。

4. 基于转子电流移相平均控制器设计

在并网系统处于稳态运行的情况下，dq 坐标系下转子电流仅含直流分量。当并网系统发生次同步振荡时，相应的转子电流叠加了次同步电流分量，前文分析表明转子电流与转子电压相互助增是导致系统次同步振荡的关键因素。针对转子电流存在的次同步分量，本章设计移相平均控制器将该分量快速滤除。假设转子电流对应的次同步分量时域表达式为

$$y=e^{\sigma_{n}t}\sin(2\pi f_{n}t) \tag{5-38}$$

式中：σ_n 为转子电流次同步振荡模态对应的阻尼，f_n为基准频率。

通过延时 $0.5/f_n$使转子电流的次同步分量移相半个周期，可得到

$$y'=e^{\sigma_{n}\left(t-\frac{0.5}{f_{n}}\right)}\sin\left[2\pi f_{n}\left(t-\frac{0.5}{f_{n}}\right)\right] \tag{5-39}$$

式中：y' 为移相半个周期后的转子电流次同步分量。

将式（5-39）乘上对应时间下的加权系数，并与转子电流作平均处理，可得到

$$y''=\frac{y+\mathrm{e}^{-\frac{0.5\sigma_n}{f_n}}y'}{1+\mathrm{e}^{-\frac{0.5\sigma_n}{f_n}}}=\frac{\mathrm{e}^{-\sigma_n t}\sin(2\pi ft)+\mathrm{e}^{-\sigma_n t}\sin(2\pi ft+\pi)}{1+\mathrm{e}^{-\frac{0.5}{f_n}}} \tag{5-40}$$

式中：y''为加权平均处理后的转子电流。

由式（5-40）可知，经移相处理后的转子电流与原先转子电流分量作加权平均处理后，对应次同步分量恰好被完全抵消，其加权平均的输出结果为 0。将转子电流经移相与加权平均处理后的信号附加于双馈风电机组转子侧内环参考电流处，得到的转子电流加权移相平均控制框图，如图 5-15 所示。图中，$i_{\mathrm{dqr}}^{\varphi}$、$i_{\mathrm{dqrref}}^{\varphi}$分别为转子电流 dq 轴实际分量和参考分量。

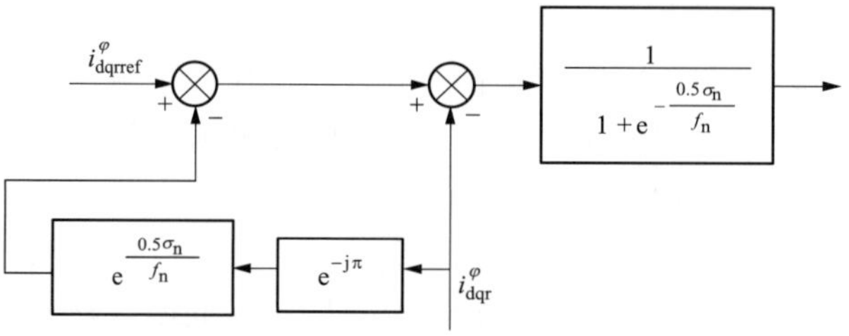

图 5-15　转子电流加权移相平均控制框图

移相环节的引入使处理后的转子电流信号与原信号相位相差 180°，平均环节的引入保证在滤除次同步分量的同时不影响转子电流稳态直流分量的大小。

电力系统次同步分量的快速在线监测分析可通过简单扩展 PMU 装置功能加以实现。在转子电流的次同步分量频率与阻尼可测量准确的情况下，图 5-32 所示的抑制策略可完全滤除转子电流对应的次同步分量。但考虑引入阻尼后，加权系数为时变量，该分量需要时时获取信号的阻尼测量信息，这将放大测量的误差因忽略阻尼分量的影响。转子电流的移相加权平均抑制策略可简化为仅需量测转子电流频率信息的移相平均抑制策略，其转子电流加权移相平均控制框图，如图 5-16 所示。

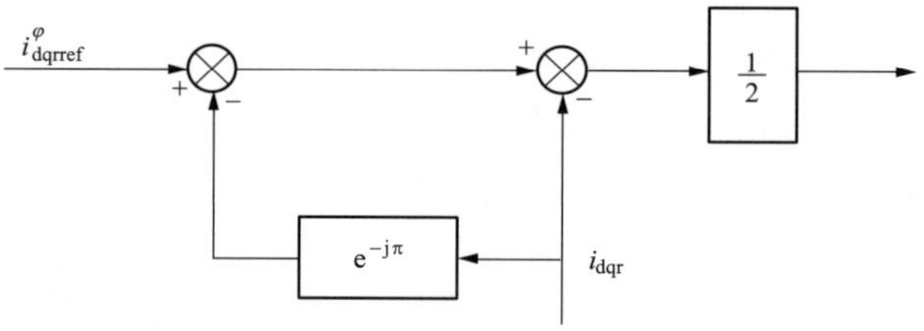

图 5-16　转子电流加权移相平均控制框图

为更直观地说明移相平均策略的抑制效果，转子电流移相平均抑制策略的波形示意，如图 5-17 所示，图中点线对应的为转子电流的次同步分量，虚线为转子电流次同步分量延时 $0.5/f_n$对应的波形。可发现虚线的波谷移至点线对应的波峰处，虚线的波峰移至点线的波谷处。实线为附加移相平均抑制策略后对应的波形，可发现通过移相平均环节，转子电流次同步分量的含量得以快速降低。而当系统处于稳态运行的状态时，转子电流的输入量为直流分量，经移相平均环节处理后，直流分量的大小不会发生变化，因此，课题提出的移相平均控制策略并不会改变转子电流的稳态输入量，该附加抑制策略并不会改变系统的稳态运行点。

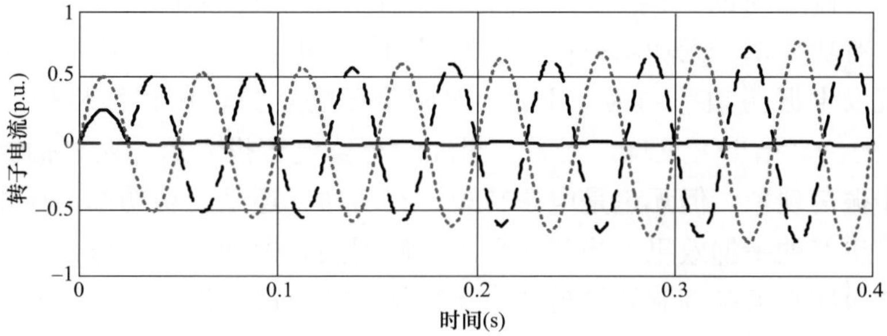

图 5-17　转子电流移相平均抑制策略的波形示意

5.3.3　案例分析

1. 结果分析

为验证本章提出的基于转子电流移相平均的次同步振荡抑制策略的有效性，以图 5-1 所示的双馈风电机组并网系统为例，进行了案例分析。保持输入风速为 8m/s，此时双馈机组对应的转子转速（标幺值）为 0.852。首先使并网系统运行在 20%串联电容补偿度的工况下，在 0.5s 时刻附加的补偿电容投入使线路的串联电容补偿度上升至 55%。图 5-18 中比较了无附加控制与移相平均控制器附加在 dq 轴转子电流参考值 $i_{q\mathrm{rref}}$ 与 $i_{d\mathrm{rref}}$ 两处下转子电流的动态响应曲线。可发现无附加控制下转子电流的次同步分量在附加的补偿电容投入后振荡幅值快速发散；而采用本课题提出的移相平均抑制策略后，转子电流在经历短暂的暂态后趋于稳定，抑制策略对其次同步分量抑制效果明显。

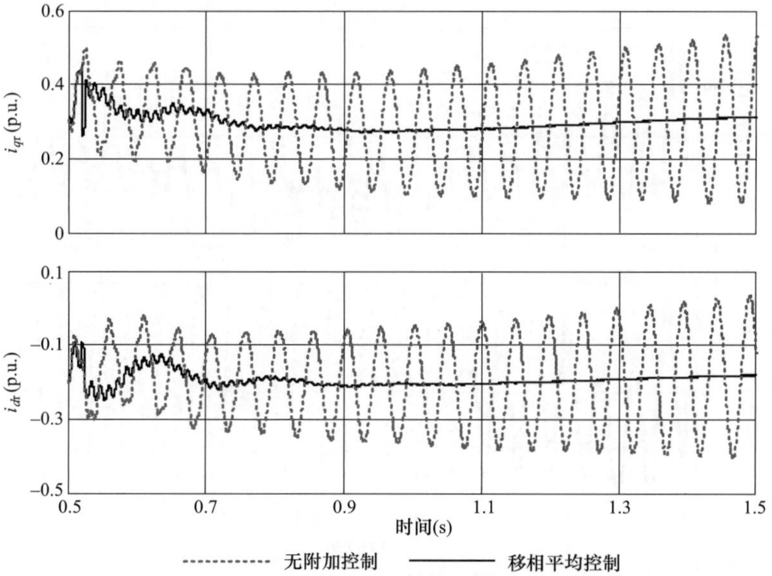

图 5-18　无附加控制与移相平均控制器附加在 $i_{q\mathrm{rref}}$ 与 $i_{d\mathrm{rref}}$ 两处下转子电流的动态响应曲线

图 5-19 比较了无附加控制、在 q 轴转子电流参考值 $i_{q\mathrm{rref}}$ 处附加提出的移相平均控制器、在 d 轴转子电流参考值 $i_{d\mathrm{rref}}$ 处附加提出的移相平均控制器，以及同时在 $i_{q\mathrm{rref}}$ 与 $i_{d\mathrm{rref}}$ 两处附加

提出的移相平均控制器时的案例结果。可看出，在无附加控制时，双馈风电机组的转子转速、电磁转矩、有功功率、无功功率在系统的附加补偿电容投入后动态响应曲线均呈现发散趋势，并网系统发生振荡频率约为 20Hz 的次同步振荡现象。比较移相平均控制器附加在 i_{qrref}处与 i_{drref}处的仿真结果可发现，当系统附加的补偿电容投入后，两种抑制策略均能快速平抑系统次同步振荡现象，但无论是电磁转矩、有功功率还是无功功率，移相平均控制器附加在 i_{drref}处均有更好的平抑效果。当移相平均控制器同时附加在 i_{qrref}与 i_{drref}两处时，双馈风电场并网系统的次同步振荡抑制效果最佳，无论是双馈风电机组的转子转速、电磁转矩、有功功率还是无功功率均能在最短的时间回到稳态平衡点。因此，在 i_{qrref}与 i_{drref}两处附加移相平均控制器可最大限度地抑制并网系统次同步振荡。

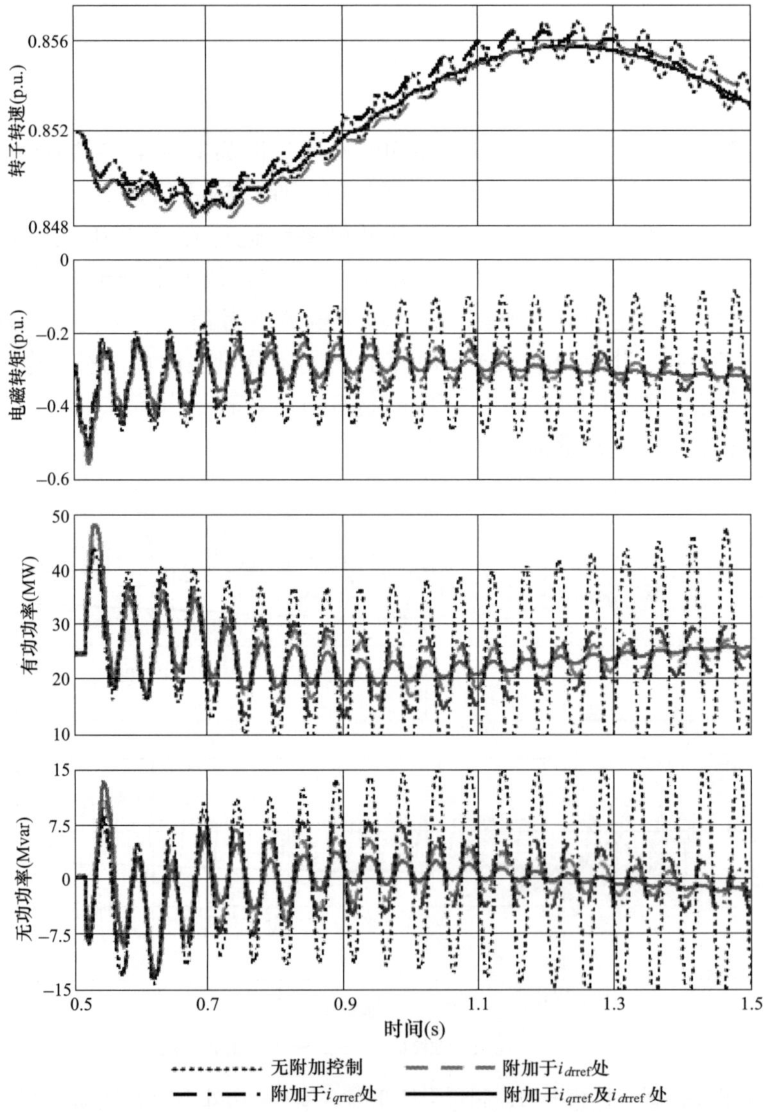

图 5-19 无附加控制、在 i_{qrref}处附加提出的移相平均控制器、在 i_{drref}处附加提出的移相平均控制器，以及同时在 i_{qrref}与 i_{drref}两处附加提出的移相平均控制器时的案例结果

2. 鲁棒性分析

本章提出的基于转子电流移相平均的次同步振荡抑制策略依赖于对并网系统次同步振荡模式频率的识别。然而，实际运行中受制于测量精度及普罗尼分析方法存在的误差，频率的识别结果可能与真实的振荡频率存在一定的偏差。为分析频率测量误差对所提出控制器抑制效果的影响，本小节案例分析了检测频率存在偏差时双馈风电机组有功功率的动态响应，案例中并网系统运行工况与上节相同，特征值分析结果表明此时系统的实际振荡频率为 20Hz，叠加±2.5Hz 及±5Hz 的频率量测误差后，得到的检测频率存在误差时的案例结果，如图 5-20 所示。

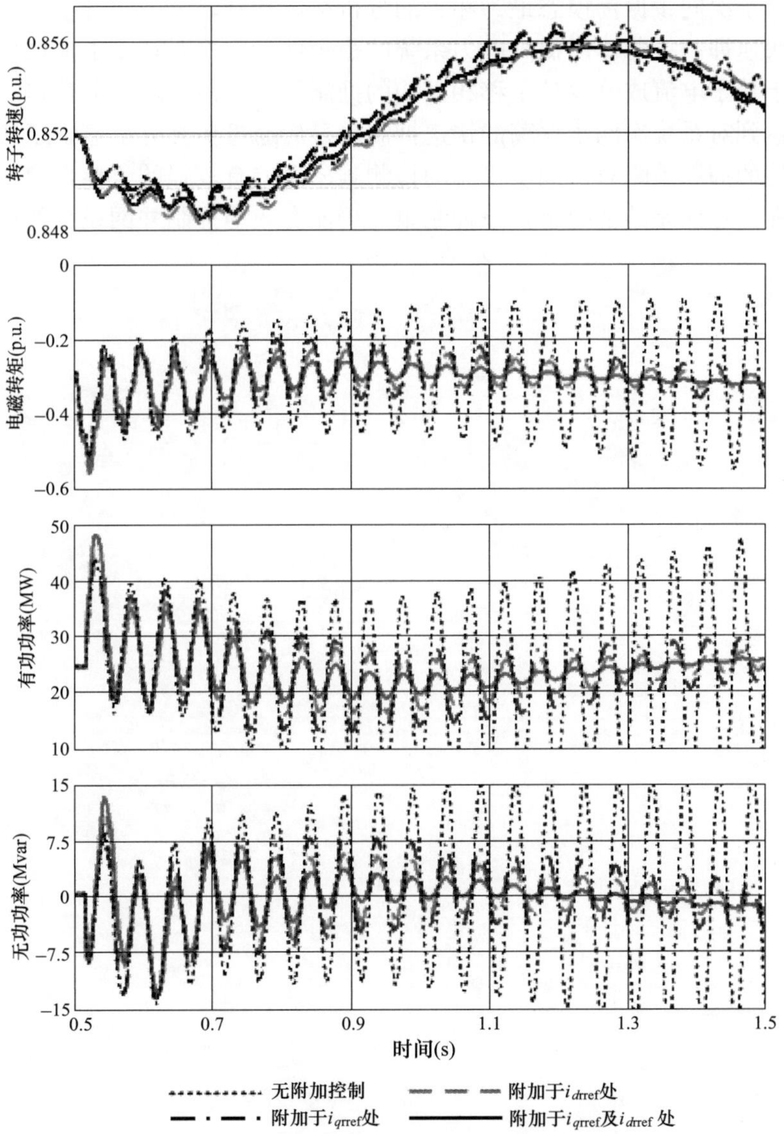

图 5-20 检测频率存在误差时的案例结果

案例结果表明，虽然随着频率偏差的增大，本课题提出的基于转子电流移相平均的次同步振荡抑制策略的抑制效果有所减弱，但仍能在振荡发生后的 2s 内有效抑制系统次同步振荡。由此说明，该抑制策略对检测频率误差具有较好的鲁棒性。

5.4 小　结

双馈风电场并网系统主要由双馈风电机组与串联电容补偿线路两部分组成。本节分别给出了双馈风电机组直流电容数学模型和串联电容补偿线路的数学模型。通过对次同步振荡的影响因素分析得出：双馈风电机组转子侧电流内环控制参数对次同步振荡模态的影响最为显著，转子电流对于次同步振荡模态最为相关的分析结论基础之上，设计了基于移相平均控制的次同步振荡快速抑制策略，以提高电力系统的稳定性。首先对转子电流成分进行了详细的分析，然后基于转子电流成分设计了移相平均的抑制策略，该策略能够快速降低转子电流的次同步分量，达到对系统次同步振荡的快速抑制。最后通过仿真分析验证了所提出的基于转子电流移相平均的抑制策略对次同步模态的检测频率误差有较强的鲁棒性，在所检测的次同步振荡频率存在一定误差的情况下，该抑制策略仍能有效地抑制并网系统的次同步振荡。

6 提升分散式风电支撑电网能力的储能技术及案例

6.1 概　　述

风力发电因其具有资源分布广泛、存储容量大、环境友好、开发技术成熟等特点，已成为发展最迅猛的可再生能源。然而，风能大小完全由自然界的风力特性决定，具有强随机和弱可控的特点，使风力发电机的机械功率可控性差。近年来，材料、化学学科的长足发展促进了规模化储能技术的明显进步。更高效可靠、价格合理的储能装置被不断应用于电力系统。据统计，截至 2015 年，全球正在建设或投产运行的储能装置容量达到了 3.69GW（不含抽水蓄能）。在国内外建立了类似于张北风-光-储-输（14MW 磷酸铁锂电池＋2MW 全钒液流电池）、纽约调频电站（20MW 飞轮储能）、美国比奇山 Beech Ridge 风储（32MW 锂电池）、美国得克萨斯杜克 Duke 风储（36MW 铅酸电池）、日本六所村 RokkashoVillage 风储（34MW 钠硫电池）等数量众多的储能示范应用工程，有效地提高了电力系统的安全稳定性。考虑到储能装置良好的有功和无功动态响应效果能对电力系统的电压和频率具有良好的支撑作用，将会有效地补偿风力发电对电网的支撑能力，在保障系统安全稳定运行的情况下大大增强电网对大规模风电等新能源的消纳能力。由此可见，大规模风电并网和规模化储能利用将成为未来智能电网的主要特征之一。如何利用规模化储能技术有效地改善风电系统的运行特性、提高含风电电力系统的安全稳定性，将是未来储能广泛应用于大规模风电并网消纳进程中的一个重要课题，也是一个亟须研究解决的问题。基于该背景，本文将储能技术应用到含风电电力系统的稳定控制中，深入研究利用储能改善含风电电力系统稳定性的相关技术。

6.2 储能技术的种类和特点

到目前为止，已开发并投入工程应用的储能技术类型众多，较为常见的有机械储能（如抽水蓄能、压缩空气储能和飞轮储能）、电化学储能（如蓄电池储能）和电磁储能（如超导储能和超级电容器储能）等。不同类型储能的功率特性和能量特性，如图 6-1 所示[1]。

1. 抽水蓄能

由于抽水蓄能技术具有应用水平高、技术成熟、蓄能规模大、能量转换效率高、环保清洁等因素，成为全球范围内应用规模最大的储能方式。

抽水蓄能原理，如图 6-2 所示。当系统用电负荷处于低谷时，抽水蓄能机组运行于水泵工况，将水从下水库抽至上水库，将电能转化成水的重力势能进行存储；而当用电负荷处于

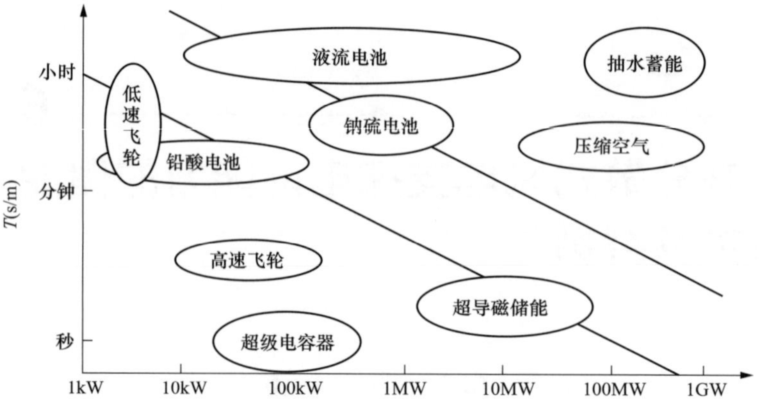

图 6-1 不同类型储能的功率特性和能量特性

高峰时，抽水蓄能机组运行于水轮机工况，将上水库中存储的水释放用于发电。抽水蓄能运行方式灵活、启动时间较短，可用于电力系统的削峰调谷、调频、调相、紧急事故备用等，但抽水蓄能电站的建设在很大程度上受到地形条件的制约，初期投资大、建设工期长、远离负荷中心。

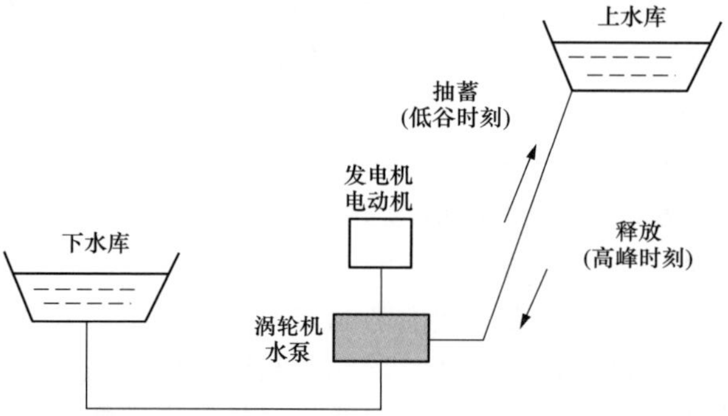

图 6-2 抽水蓄能原理

2. 压缩空气储能

压缩空气储能技术原理，如图 6-3 所示，即利用电网负荷低谷时的剩余电量使电动机带动空气压缩机，将空气存储于密闭大容量地下洞穴，实现将不可储存的电能转化成可储存的气压势能，并储存于密闭大容量地下洞穴（如报废矿井、沉降的海底储气罐、山洞、过期油气井或新建储气井）。而当电网用电高峰或发电电量不足时，使压缩空气经换热器加热后在燃烧室与燃料混合燃烧，高温燃气通过燃气轮机做功，带动发电机发电，从而可实现电网调峰需求[2]。压缩空气储能技术具有运行方式灵活、启动快、周期短、投资少、排污量及运行成本低的优点；然而，其建设同样受地形条件的制约。

3. 飞轮储能

飞轮储能原理，如图 6-4 所示。外部输入的电能通过电力电子装置驱动电动机旋转从而带动飞轮旋转将电能储存为机械能；当需要释放能量时，飞轮带动发电机旋转，将动能变换为电能，电力电子装置将对输出电能的频率和电压进行变换以满足负载的要求。飞轮储能基

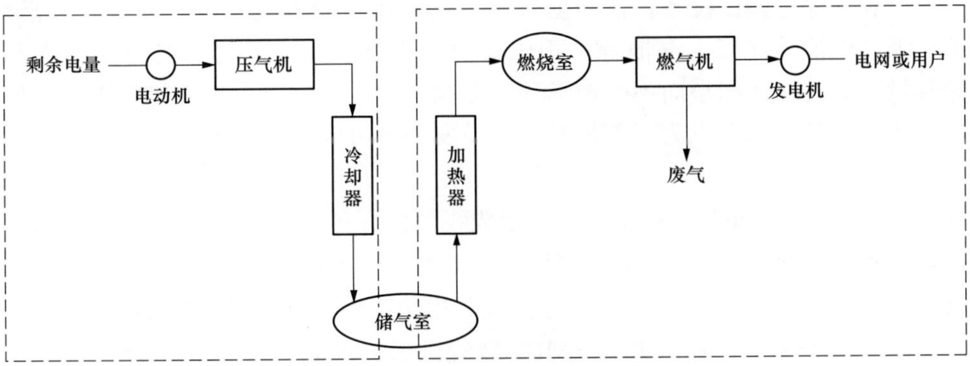

图 6-3　压缩空气储能技术原理

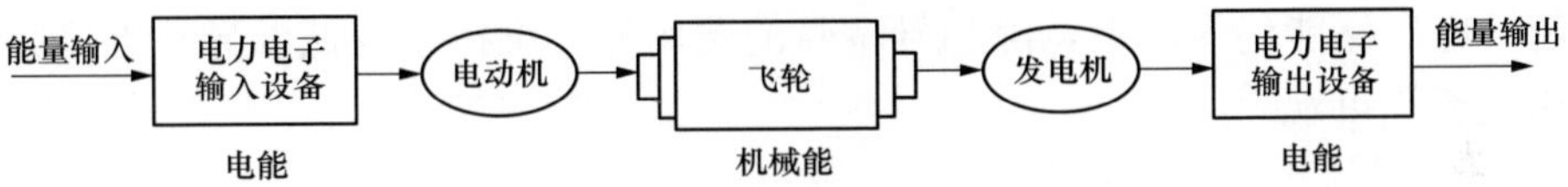

图 6-4　飞轮储能原理

本结构一般由 5 个部分组成：飞轮转子、轴承、电动机/发电机、电力转换器、真空室。另外，飞轮储能装置中还必须加入监测系统以监测飞轮的位置、电机参数、振动和转速、真空度等运行参数[3]。

由于飞轮储能具有寿命长、效率高、高储能量、充电快捷、充放电次数无限、建设周期短、对环境无污染等优点，其在微网中有广阔的应用前景；其缺陷是技术尚未成熟，能量密度低，应用经济性不足。

4. 电池储能

电池储能技术利用电能与化学能之间的相互转化进行电能的存储与释放，以全钒液流电池为例，级联的全钒液流电池原理，如图 6-5 所示。它包括蓄电池、AC/DC 转换器及其控

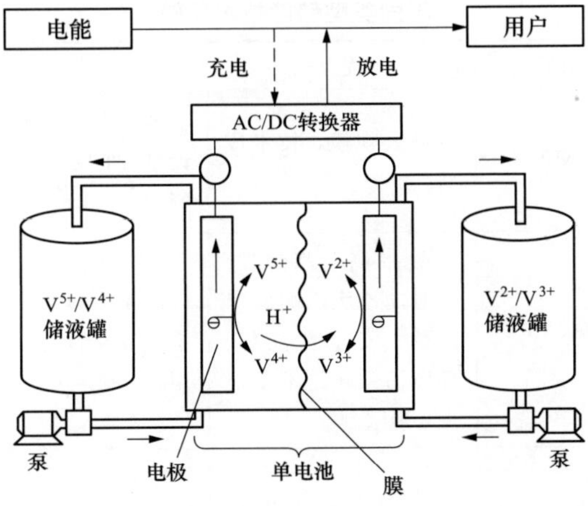

图 6-5　级联的全钒液流电池原理

制系统、安全和环保等辅助设备。而根据所使用化学物质的不同，蓄电池可分为铅酸电池、镍镉电池、镍氢电池、锂离子电池等。相比其他储能技术，由于电池储能具有技术成熟度高、存储容量大、占地面积小而不受地形环境限制、建设工期短、响应速度快、回收处理可循环利用等诸多优势，因而成为当前最具大规模发展潜力的储能技术之一。

5. 超导磁储能

超导磁储能系统（SMES）利用超导体制成线圈储存磁场能量，功率输送时无需能源形式的转换，具有响应速度快（ms 级），转换效率高（≥96%）、比容量（1～10W·h/kg）/比功率（104～105kW/kg）大等优点，可实现与电力系统的实时大容量能量交换和功率补偿。目前，世界上 1～5MJ/MW 低温 SMES 装置已形成产品，100MJ SMES 已投入高压输电网中实际运行，5GW·h SMES 已通过可行性分析和技术论证。SMES 可充分满足输配电网电压支撑、功率补偿、频率调节、提高系统稳定性和功率输送能力的要求。和其他储能技术相比，超导电磁储能仍很昂贵，除超导本身的费用外，维持系统低温导致维修频率提高及产生的费用也相当可观[4]。

6. 超级电容器储能

超级电容器作为一种新兴的储能器件，其使用特殊材料制作电极和电解质，存储容量是普通电容器的 20～1000 倍，具有能量释放快的特点。级联的超级电容器，如图 6-6 所示。通过级联方式，超级电容器的端口电压可达到工业应用水平。根据不同的储能原理，超级电容器分为两类：电化学电容器和双电层电容器。与飞轮储能和超导储能相比，超级电容器在工作过程中没有运动部件，维护工作极少，可靠性非常高，但存在价格昂贵、自放电率高、技术还不成熟的问题。

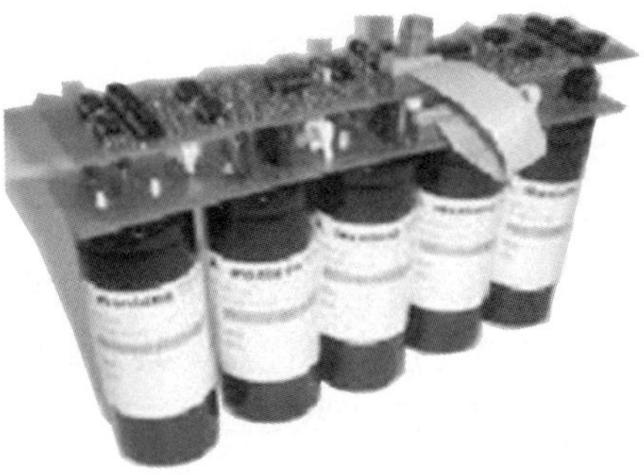

图 6-6 级联的超级电容器

不同类型储能技术比较[4]，见表 6-1。

表 6-1 不同类型储能技术比较

储能类型		典型额定功率	优点	缺点	应用场合
机械储能	抽水蓄能	100～2000MW	可大规模，技术成熟	地理位置受限，建设工期长，工程投资大	日负荷调节，频率控制，系统备用
	飞轮储能	0.005～1.5MW	效率高、寿命长、瞬时功率大、响应速度快、安全性能好、环境污染小、不受地理环境限制	能量密度低，保证系统安全性方面的费用高，噪声大	调峰，频率控制，UPS，电能质量
	压缩空气储能	10～300MW	大规模、能量密度大	响应慢，建设受地形制约，对地质结构有特殊要求	调峰，系统备用

续表

储能类型		典型额定功率	优点	缺点	应用场合
电化学储能	钠流电池	千瓦至兆瓦级	比能量高，可大电流、高功率放电，充放电效率高	工作过程中需要保持高温，有一定安全隐患	电能质量，可靠性控制，备用电源，削峰填谷，能量管理，可再生储能
	液流电池	0.005～100MW	寿命长，易于组合，效率高，环保性好	电池容量小	电能质量，可靠性控制，备用电源，削峰填谷，能量管理，可再生储能
	锂离子电池	千瓦至兆瓦级	重量轻、储能容量大、功率大、无污染、寿命长、自放电系数小、温度适应范围广	当前成本高，大型批量化生产还不成熟	电能质量，可靠性控制，备用电源，削峰填谷，能量管理，可再生储能
电磁储能	超导磁储能	0.01～1MW	响应速度快，转换效率高，比容量/比功率大	成本高，维护困难	输配电网电压支撑、功率补偿、频率调节、提高系统稳定性
	超级电容器	0.01～1MW	安装简单，体积小，可在各种环境下运行	成本高，储能低	短时间、大功率的负载平滑

6.3 提升分散式风电电网支撑能力的储能优化配置方法

风力发电依赖于风速及受自身技术特点的限制而具有随机性、波动性、难预测性和弱调度性等特点。随着风电容量在电力系统中所占比例的增加，大量风电的接入使调度功率平衡和稳定问题复杂化，给电力系统的安全稳定运行带来了巨大的挑战。

储能技术可实现对功率和能量的时间迁移，且具有控制灵活和响应快速的特点，能根据需要控制输出功率的四象限运行，为风电并网控制提供功率和能量的支持，有效改善风电的静态功率特性和动态响应特性，实现电力系统在各种工况下的功率和能量平衡，在电力系统中配置合适的储能电源可提高系统的功率平衡能力，对于提高电网安全运行具有重要意义。

针对应用储能技术对风电并网进行支撑这方面，国内外已有广泛的研究，总体而言，相关研究主要集中在风储系统的优化配置、优化运行控制、应用模式等领域，目标在于平滑风电功率的短期波动性、弥补风电功率的预测误差、辅助含风电系统的调峰问题、提升风电场低电压穿越能力等，并在此基础上保障储能系统的合理性和经济性，探索储能的应用模式，以充分利用储能容量，提升其经济运行性。为实现储能接入风储系统的最大利用价值及收益，从电网运行及大规模风电开发的长远利益考虑，有必要根据风电功率的特点以储能装置的运行特性，对含风电系统进行多元储能的优化配置，实现其经济运行的目标。

6.3.1 风储系统中储能的接入方式

目前，应用储能技术改善风电场动态支撑能力的储能系统接入方式主要有以下两种途径，第一种途径即分布式补偿，对每台风机配置储能系统，以平抑风场中各单台风机输出功率为目标，通过对风电场中每台风机输出功率的平抑，从而实现对整个风电场并网功率的平抑。另一种即集中式补偿，直接将储能系统配置在风电场出口母线位置，采用一个独立的储能系统对整个风电场并网功率进行平抑，利用补偿设备的动态响应增强风电场的动态频率支撑和等效惯量特性。风储系统中分布式补偿和集中式补偿方案示意，如图 6-7 所示。

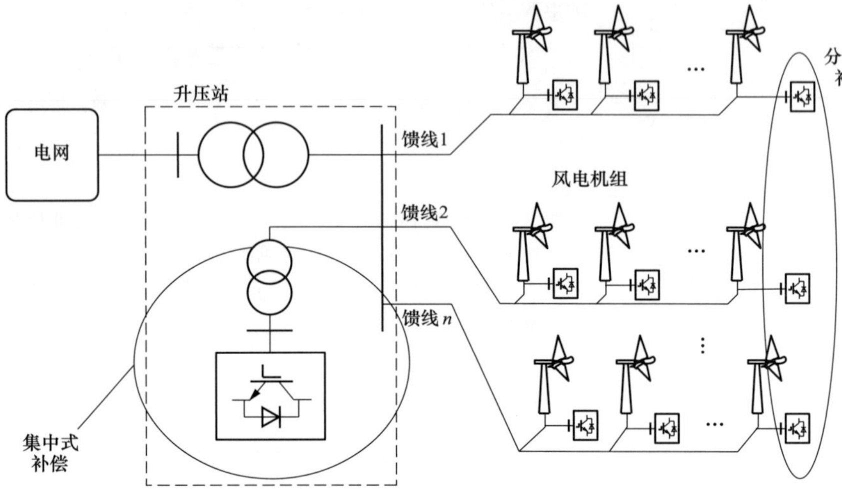

图 6-7　风储系统中分布式补偿和集中式补偿方案示意图

对于大规模集中接入的风电场而言，在几十台甚至上百台风电机组配置相应的储能系统将导致成本昂贵、维护困难，因此，储能的安装方式一般采用集中式补偿。然而基于集中式补偿的储能接入方式，存在补偿装备脱网后风电场的静态功率特性和动态响应特性恶化的风险。而针对分布式接入系统的风电场，采用分布式的储能系统配置方案可改善单台风电机组的输出功率特性，且单台或几台机组脱网，对整个分布式风电场的影响不大，可靠性更高。因此，在这种情况下一般采用分布式的储能系统配置方案，然而上述方案也存在硬件成本较大的问题。风电场分布式惯量控制和集中式惯量补偿方案的特点对比，见表 6-2。

表 6-2　　风电场分布式惯量控制和集中式惯量补偿方案的特点对比

实现方式	分布式方案	集中式方案
硬件成本	需额外配置储能，费用开支巨大	需额外配置储能，增加费用开支
实现复杂程度	复杂，需针对每台风电机组添加一台补偿装置	简单，只需添加/改造一台补偿装置，无需改造风电机组
可调度性	复杂	简单
可靠性	较高	相对差

6.3.2　风储系统中储能的容量配置方案

将储能应用于含风电的电力系统中，从电力系统角度来看，储能的容量越大越好，在发生扰动时有足够的备用容量对不平衡功率进行完全补偿，保证系统的稳定性，但从储能的角度来看，随着储能容量的增大，不仅技术上更加难以实现，工程成本也会急剧增加。因此，有必要在改善风电并网动态特性的前提下，使储能装置的容量达到最小。

目前，国内外学者对储能的容量配置进行了大量研究。有以储能的经济性指标作为目标函数，以系统运行某些指标的规范要求作为约束条件，来求取成本最小的储能容量[5-8]；也有从提升风储系统频率动态稳定性的角度对储能容量进行规划[9-11]；实际上，通过对储能系统进行合理功率控制，也可达到经济运行的目标，通过优化储能系统的充放电策略成为合理利用储能技术的重要研究方向，保持荷电状态（state of charge，SOC）的合理运行区间，避免或减少过度充放，对于保障储能系统（如铅酸电池、锂离子电池等）的运行寿命，提高储能的有效运行时间，降低储能系统单位运行时间的成本具有重要作用[12-14]。这里借鉴文献［11］中对风储系统中储能的容量配置来进行主要说明。

电力系统中一般采用惯量常数 H 表征同步发电机组惯量对其动态行为的影响，其可表示为

$$H=\frac{E_{\mathrm{ks}}}{S_{\mathrm{N}}}=\frac{J\omega_{\mathrm{s}}^{2}}{2S_{\mathrm{N}}} \tag{6-1}$$

式中：E_{ks}为发电机额定转速下的转子动能；J 为发电机转动惯量；ω_{s}为发电机额定转速；S_{N}为发电机的额定容量。

在风电场出口处的交流母线上并联储能装置（energy storage systems，ESS），含有储能的风电场示意，如图 6-8 所示。将风电场和储能装置（wind farm with energy storage systems，WF _ ESS）作为一个整体向系统供电，通过对储能系统有功的合理控制，从而实现 WF _ ESS 对系统频率具有与传统同步发电机类似惯量响应效果。

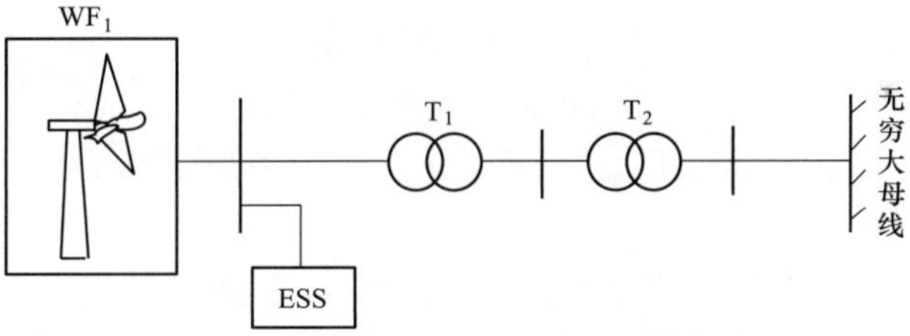

图 6-8 含有储能的风电场示意

依据同步发电机惯量常数 H 的定义可知，H 为发电机额定转速 ω_{s}下机组转子动能与电机额定容量 S_{N}之比。类比式可得到风电储能系统的虚拟惯量 $H_{\mathrm{WF\_ESS}}$：

$$H_{\mathrm{WF\_ESS}}=\Big[\sum_{i=1}^{\mathrm{n}}E_{\mathrm{wg}i}+E_{\mathrm{ESS}}\Big]/S_{\mathrm{N\_WF}} \tag{6-2}$$

式中：n 为风电场中风电机组的数量；$E_{\mathrm{wg}i}$ 为系统中第 i 台风电机组的旋转动能；E_{ESS}为额定频率时储能装置存储的等效动能；$S_{\mathrm{N_WF}}$为风电场额定容量。

分析式（6-1）和式（6-2）可知，当安装有储能装置的风电场取代常规发电机组接入电网后，风电场配置的储能装置容量似乎只有和等容量的同步发电机额定转速下的转子动能一致，才能产生和同容量同步发电机一样的虚拟惯量效果。实际上，在参与系统频率调整的过程中，同步发电机的转速与系统频率直接耦合，只会在一个很小的范围内变化（DL/T 1040—2007《电网运行准则》规定[15]，特殊情况下系统频率在短时间内可能上升到 51Hz 或下降到 48Hz），只释放了很小一部分转子动能；然而储能装置通常可在很大范围内进行功率

吞吐，几乎能释放其存储的所有能量（只受荷电状态的限制）。因此，实际上只需要较小的储能容量就能释放和同步发电机相同的调频能量。

此时，能量守恒原理为风电-储能系统与常规发电系统之间的能量交换控制提供了理论依据。当外界环境因素发生变化或负载发生变化时，可认为风电-储能系统与外界发生了能量碰撞，系统原来的平衡状态被打破，系统的频率发生了变化。类似物理学中的冲量定理，在较短的研究期间内，当系统频率变化相同时，风电一储能系统与系统交换的能量和等容量同步发电机组与系统交换的能量相同，可认为二者产生的冲量一致。对于系统而言，可认为两者产生的惯量作用效果一样。由此可见，当系统频率发生变化时，只需采取合适的控制策略使储能释放的能量和同步发电机释放的能量相同，二者对系统的惯量作用效果就是一致的。

由于系统频率向上波动和向下波动情况相似，且向上波动的范围小于向下波动，因此，以下只分析频率向下波动的情况。一般电力系统频率安全运行下限为 48Hz，在调频过程中同步发电机的转速变化范围（标幺值）通常为 0.96～1。同步发电机能释放的最大转子动能为

$$\Delta E_{\mathrm{kmax}}=\frac{1}{2}J(1-0.96^2)\omega_{\mathrm{s}}^2=0.0392J\omega_{\mathrm{s}}^2 \tag{6-3}$$

式中：J 为发电机转动惯量；ω_{s}为发电机额定转速。

发电机额定转速运行时，存储的转子动能为

$$E_{\mathrm{ks}}=\frac{1}{2}J\omega_{\mathrm{s}}^2=\frac{1}{2}P_{\mathrm{N}}T_{\mathrm{J}} \tag{6-4}$$

式中：T_{J}为发电机惯性时间常数；P_{N}为发电机的额定功率。

设定储能装置在时间 Δt 内释放与同步发电机相同的能量，则有

$$\Delta E_{\mathrm{ESS}}=\Delta E_{\mathrm{kmax}}=P_{\mathrm{ESS}}\cdot\Delta t=0.0392P_{\mathrm{N}}T_{\mathrm{J}} \tag{6-5}$$

式中：P_{ESS}储能装置释放的功率。

电力系统依靠惯量参与频率控制的时间约为 10s，需要风电依靠惯量参与调频的时间并不长，假定与同步发电的惯量时间常数大小一致，即 $\Delta t=T_{\mathrm{J}}$，则储能装置的功率容量为

$$P_{\mathrm{ESS}}=0.0392P_{\mathrm{N}} \tag{6-6}$$

由式（6-6）可知，只要储能装置的控制策略合理，采用大约风电场额定功率 5%的储能装置（考虑到储能装置上下双向调节的情况，相比于计算情况储能的功率容量进行适当的放宽。由于现有储能装置持续充放电时间一般都会超过数十秒，比惯量响应的时间长，满足了其功率要求，其存储的能量也就满足了控制的要求）就能使风电场产生与同容量同步发电机差不多的虚拟惯量效果。同时，采用储能协助风电场模拟惯量控制不会改变风电机组原有的运行状态，进而有效避免了风电场内部一系列机组间协调控制及通信问题，大大降低了控制系统的实现难度，提高了控制系统的可靠性。

6.4 提升风电支撑电网频率/电压的储能电站主动控制技术

6.4.1 储能变换器的并网拓扑与基本控制策略

储能变换器是实现功率输出的物理基础，其较为广泛的采用三相电压源型并网变换器。

三相电压源型并网变换器主流的拓扑主要有两电平拓扑结构、中点箝位型三电平拓扑结构、模块化多电平拓扑结构等。其中，两电平变换器在实际工业环境中得到了广泛应用，储能DC/AC并网变换器的拓扑结构与控制策略，如图6-9所示[17]。本章后续的分析工作将基于这一典型拓扑展开。

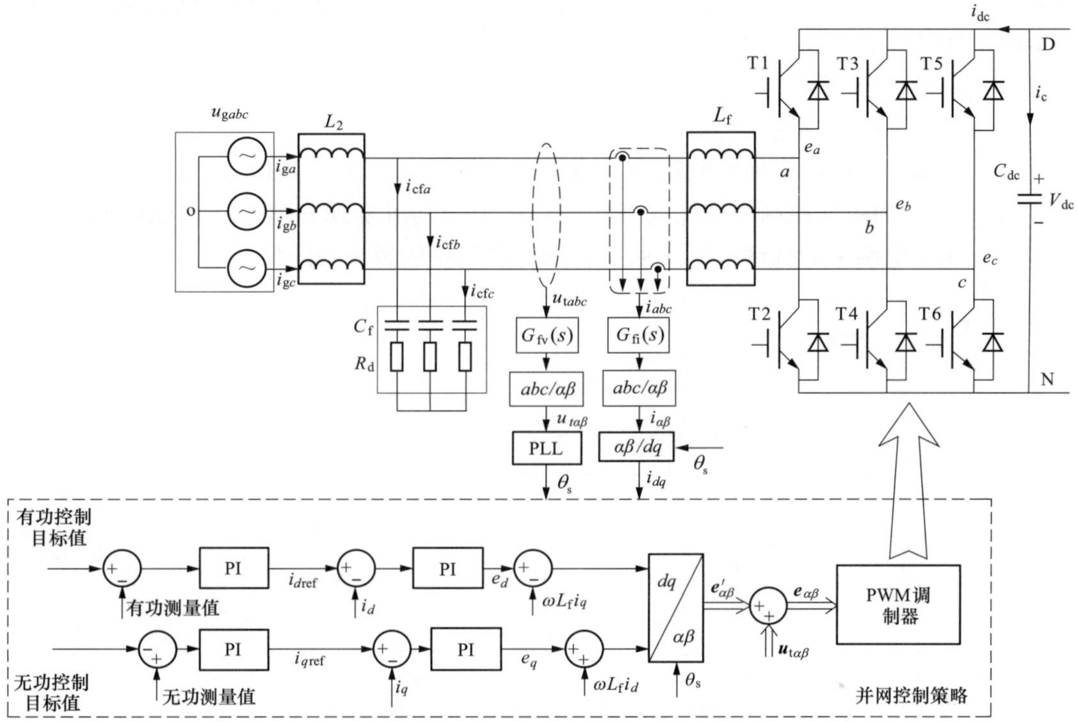

图6-9 储能DC/AC并网变换器的拓扑结构与控制策略

图6-9中，V_{dc}表示变换器直流母线电压，在储能电站中其电压的大小受到发电单元（电化学储能电站中即为电池组）输出功率的影响；T1～T6对应变换器各桥臂的开关管；L_f对应变换器交流输出侧的滤波电感；C_f对应变换器交流输出端的滤波电容，与滤波电容串联的R_d对应无源阻尼电阻，用于阻尼LCL谐振；L_2则用于表示电网内抗。

本章分析中，在未做特别申明的情况下采用正体字符表示标量，加粗斜体字符表示矢量，加粗正体字符表示矩阵。由于变换器控制中变量涉及在不同坐标系中表达，文中采用脚标“abc”“$\alpha\beta$”与“dq”区分三相静止坐标系、两相静止坐标系与旋转dq坐标系中的变量。图6-9中，$\boldsymbol{u}_{\text{gabc}}$为理想电压源的电压矢量，$\boldsymbol{u}_{\text{tabc}}$为变换器交流端电压矢量，$e_a$、$e_b$和$e_c$为变换器输出的三相交流电压，$\boldsymbol{i}_{\text{abc}}$为交流滤波电感电流，$\boldsymbol{i}_{cf\text{abc}}$为流入交流滤波电容的电流矢量（图6-9中以标量形式对每一相进行了标注），$\boldsymbol{i}_{g\text{abc}}$为注入理想电网的电流矢量（即$L_2$上流过的电流，图6-9中为直接标示）。

对于比较典型的储能并网变换器，其控制环路大致包含响应速度较慢的外环（如有功功率控制环和无功功率控制环、锁相环和电流控制环）。储能变换器可按照需求调整有功/无功控制目标，以最大化地发挥储能快速吸收或发出有功/无功的优势。

6.4.2 提升风电支撑电网频率的储能电站主动控制技术

储能设备具有快速的功率响应特性，可用来辅助风电场对电网进行惯量、一次调频支撑，提高风电接入系统的频率稳定性。有学者在不改变电池储能系统现有平抑/平滑控制的基础上，利用常规机组的调速器控制原理，提出一种基于附加频率响应的储能系统实用并网控制策略，如图 6-10 所示。该控制策略主要包含 3 部分。

（1）现有平抑/平滑控制策略。该策略以新能源电站的功率为输入信号，按照不同时间尺度的控制目标去得到抑制联合电站功率波动的储能电站功率。

（2）基于频率响应的附加控制策略。该策略以系统频率为输入信号，通过设置功率/频率响应因子 K 得到附加控制的储能电站功率目标值。其可实现新能源＋储能电站对频率的一次调整，能对电网中的扰动进行主动控制以提高系统的暂态稳定性。

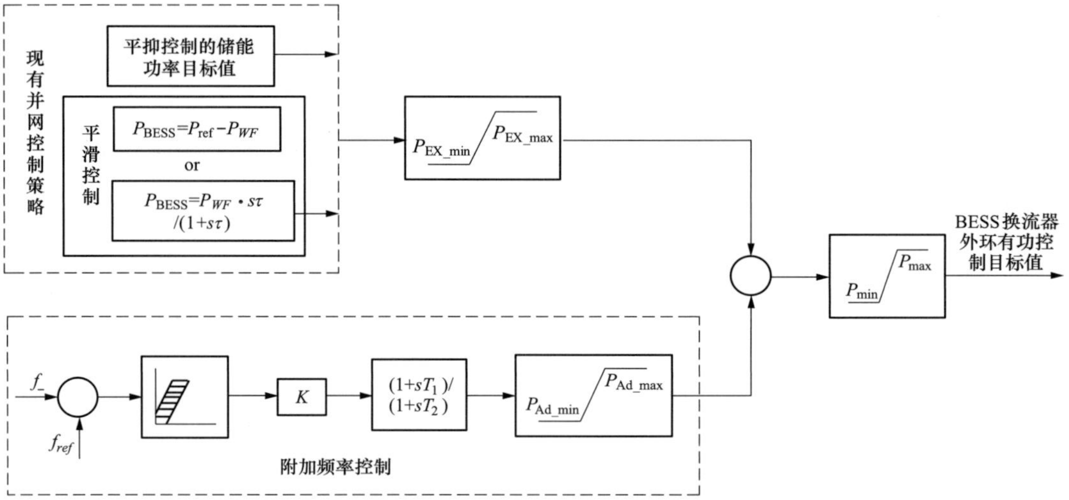

图 6-10 基于附加频率控制的电池储能系统并网控制策略

该策略设置了超前/滞后环节，可根据实际电网动态稳定性的要求对储能电站的并网功率进行一定的相位补偿，从而较好地增加系统阻尼。

为避免由于附加频率控制的快速响应，电池出现频繁浅充浅放的现象而影响电池寿命，该策略带有类似常规机组调速器的死区环节。通过合理地设置死区 ε 的范围，保证储能系统既能对系统的大扰动产生响应，又能兼顾避免频繁动作损坏电池。目前，ε 可参考实际电网的同步机组调速器死区参数设定此值，范围可在 0.001～0.002（标幺值）。

该策略还设置了限幅环节。电池储能系统的主要作用是抑制新能源电站的功率波动，限幅环节的设置可避免因为附加频率策略的出现而影响现有平抑/平滑控制的效果。P_{au_max}和P_{au_min}的限幅值可由电池储能系统的能量管理系统根据电池的实际运行状态（如荷电状态、可放电倍数）动态地调整，以最大化的发挥储能系统作用。

（3）总体限幅环节。因为附加频率控制策略的引入，储能系统有功控制目标值需要去实现抑制功率波动和提高暂态稳定性 2 个目标。限幅环节的上下限同样可根据电池的实际运行状态动态地调整，从而合理分配电池储能系统容量在抑制新能源电站功率波动和提高电力系统稳定性 2 方面所占的比例，以达到均衡和最大化地利用储能系统。

基于附加频率控制的并网控制策略最终将得到电池储能系统的有功控制目标值，通过图6-9的换流器模型的外环有功控制实现储能系统的并网功率调整，达到抑制功率波动和提高稳定性的双重作用。

另外，储能系统是一个可功率四象限调整的多功能系统，可同时快速调整并网有功、无功。虽然换流器价格较高不适用采用更大容量的换流器来增加储能系统无功容量，但是因其有功功率大多不在满功率运行状态而具备一定的无功动态调节能力。图6-9的换流器外环无功控制目标可定为某母线电压（一般为联合电站并网点电压），从而形成电压闭环控制，并加以有功控制为主、无功控制为辅的调控措施，这样可进一步增强风电+储能电站的源网协调能力。

6.4.3 提升风电支撑电网电压的储能电站主动控制技术

由于储能设备具有灵活的四象限运行特性，可根据需要快速灵活地进行双向无功功率、双向有功功率交换[24]。因此，在风电场配置储能设备除能调节风电并网输出的有功功率外，还能同时控制储能设备输出或吸收无功功率实现风电场的无功平衡[25-28]，提高风电场的电压稳定性。这里以基于超级电容器储能的直驱式风力发电机无功控制策略为例来进行说明。

1. 系统数学模型

（1）风力机数学模型。风功率输出满足：

$$\begin{cases}P=0.5\rho Sv^3 Cp(\lambda,\beta)\\ Cp(\lambda,\beta)=c_1\left(\dfrac{c_2}{\lambda_1}-c_3\beta-c_4\right)-\dfrac{c_5}{\lambda_i}+c_6\lambda\\ 1/\lambda_i=1/(\lambda+0.08\beta)-0.035/(\beta^3+1)\end{cases} \tag{6-7}$$

$$\lambda=R\omega_r/v$$

式中：ρ为空气密度；S为风轮扫风面积；v为风速；λ为叶尖速比；β为桨矩角；C_p为风能利用系数；R为桨叶半径；ω_r为风机转速；c_1、c_2、…、c_6是风能利用系数常数。

C_p关于叶尖速比λ和桨矩角β的关系，如图6-11所示。

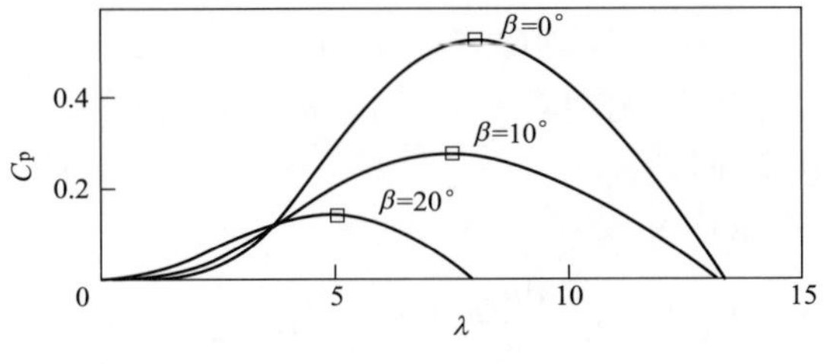

图6-11 C_p关于叶尖速比λ和桨矩角β的关系

（2）发电机数学模型。直驱式风机发电机采取转子磁链定向控制，当选取固定在转子磁链上的坐标系，即$\psi_{sd}=0$，$\psi_{sq}=\psi_f$时，发电机电压方程为

$$\begin{cases}u_{sd}=R_s i_{sd}+L_d\dfrac{di_{sd}}{dt}-L_q\omega_e i_{sq}\\ u_{sq}=R_s i_{sq}+L_q\dfrac{di_{sq}}{dt}+L_d\omega_e i_{sd}+\omega_e\psi_f\end{cases} \tag{6-8}$$

式中：u_{sd}、u_{sq}为d轴和q轴电压分量；i_{sd}、i_{sq}为d轴和q轴电流分量；ω_e为发电机电气转速；R_s为定子电阻；L_d、L_q为d轴和q轴电感；ψ_f为永磁磁链。

发电机电磁转矩为

$$T_e = 1.5p[(L_d - L_q)i_{sd}i_{sq} + \psi_f i_{sq}] \tag{6-9}$$

在直驱永磁发电机中，永磁体磁链和定子极对数都是固定不变的，且对于径向式转子磁路结构有$L_d = L_q$，因此电磁转矩不受i_{sd}的影响，发电机的电磁转矩方程可写为

$$T_e = 1.5p\psi_f i_{sq} = -P_s/\omega_r \tag{6-10}$$

式中：P_s为发电机侧有功功率。

发电机机械运动方程为

$$T_m - T_e = \frac{J}{p}\frac{d\omega_e}{dt} \tag{6-11}$$

式中：T_m为机械转矩，ω_e为电磁角速度。

2. 理论分析

直驱式风力发电机系统结构，如图 6-12 所示，不考虑储能系统时，系统功率平衡为

$$P_c = Cu_{dc}\frac{du_{dc}}{dt} = P_s - P_g \tag{6-12}$$

式中：P_c、P_s、P_g为流过直流链节电容、发电机侧和电网侧有功功率；u_{dc}为直流侧电容电压。

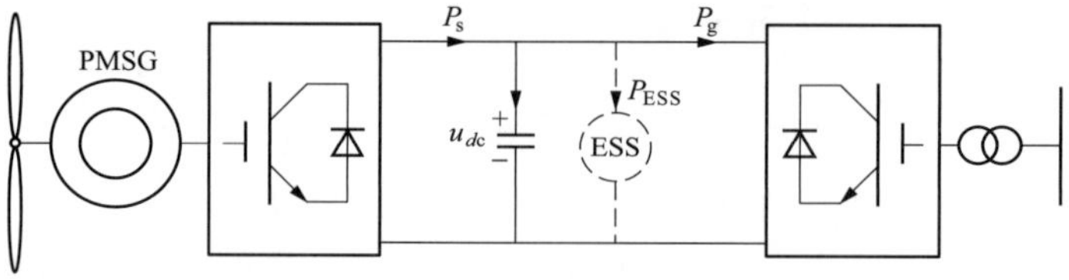

图 6-12　直驱式风力发电机系统结构

电网电压定向矢量控制模式下，电网侧变流器（GSC）注入电网功率为

$$\begin{cases} P_g = u_{gd}i_{gd} \\ Q_g = -u_{gd}i_{gq} \end{cases} \tag{6-13}$$

式中：Q_g为电网侧变流器输出的无功功率；u_{gd}、u_{gq}为电网侧d轴和q轴电压分量；i_{gd}、i_{gq}为电流侧d轴和q轴电流分量。

由式（6-12）和式（6-13）得

$$P_c = Cu_{dc}\frac{du_{dc}}{dt} = P_s - u_{gd}i_{gd} = \Delta P \tag{6-14}$$

式中：ΔP为发电机侧和电网侧功率差，当$\Delta P = 0$时，直流链节电压即可保持恒定。

当电网发生短路故障或无功支持能力不足时，电网侧电压u_{gd}下降，而电网侧电流i_{gd}变流器电流极限限制，电网侧功率P_g很小，如果发电侧有功功率很大，系统中的不平衡功率会恶化系统动态特性，并且当风机试图恢复正常运行过程中，转子控制可能受直流电容电压影响。因此，必须采取有效控制，消除系统不正常运行状态下的不平衡功率。

加入储能后，式中关系做如下修改

$$P_c = Cu_{dc}\frac{du_{dc}}{dt} = P_s - P_{ESS} - P_g \tag{6-15}$$

P_{ESS}储能系统吸收有功功率。当储能系统吸收功率和变流器功率差额相等时，直流电压保持恒定，功率平衡可表示为

$$P_{ESS}=P_s-P_g \tag{6-16}$$

由式（6-10）和式（6-13）得

$$P_{ESS}=-1.5p\psi_f i_{sq}\omega-u_{gd}i_{gd}=u_{ESS}i_{ESS} \tag{6-17}$$

式中：u_{ESS}、i_{ESS}为储能系统等效电压、电流。

式（6-17）两边同除以u_{ESS}，则发电机侧、电网侧变流器及储能系统电流关系可表示为

$$i_{ESS}=k_1 i_{sq}-k_2 i_{gd} \tag{6-18}$$

式中：k_1、k_2为电流比例系数。

由式和式可知，储能系统保持直流电压恒定的同时，也使变流器两侧的电流保持平衡。当储能系统响应速度较快时，即使电网侧变流器有功电流（等同于电网侧电流）为零，直流电压仍能保持恒定，此时GSC参与无功支持能力最大。当风速变化或电网发生扰动，系统电压发生波动时，GSC可在变流器容量范围内提供无功支持，并作用于系统电压稳定。

综上，储能系统在消纳系统不平衡功率的同时，还能提供系统无功支持。

3. 控制策略

常见的直驱式风力发电机控制方法为发电机侧变流器采用转子磁链矢量控制，将电流分解成d轴励磁分量和q轴转矩分量，实现有功与无功解耦控制，并实现最大风功率跟踪控制。电网侧变流器维持直流母线电压恒定，并为转子与交流系统之间的功率交换提供通路。当发电机侧和电网侧功率差为零时，直流链节电压即可保持恒定。

有学者提出基于超级电容器储能系统的无功电压控制策略的具体控制原理为[25]发电机侧变流器仍采用转子磁链矢量控制，而电网侧变流器不再提供电压恒定功效，其功率外环控制实现电网侧有功无功跟踪控制，同时在直流链节处并联储能系统，吸收或释放两侧变流器有功缺额来保持直流母线电压恒定。根据风速变化、系统无功需求变化及储能系统容量的限制，可实现直驱式风力发电系统多种无功跟踪控制目标，为系统提供无功电压支持。

（1）发电机侧变流器控制策略。发电机侧变流器（RSC）采用转子磁链矢量控制，发电机侧变流器的矢量控制框图，如图6-13所示，d轴无功参考设置为零，图中Q_{sref}，w_{rref}分别为发电机侧变流器功率外环无功功率参考指令和转子转速参考指令；i_{sdred}和i_{sqref}为发电机侧变流器电流内环d轴和q轴电流参考指令。最大功率点跟踪MPPT模式下提供的最优转速参考，与发电机实际转速进行差值比较，经过PI控制器得到q轴有功电流参考，从而实现有功无功解耦控制。

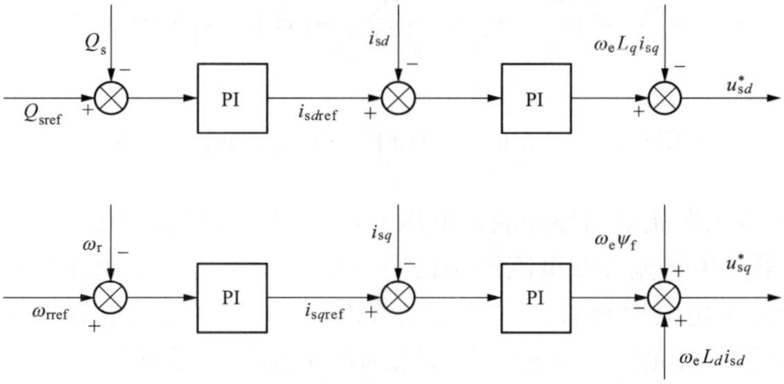

图6-13 发电机侧变流器的矢量控制框图

（2）电网侧变流器控制策略。根据式（6-13），电网侧变流器分别控制 d、q 轴电流分量，实现电网侧有功和无功的解耦。电网侧变流器的矢量控制框图，如图 6-14 所示，电网侧变流器采用双环串级控制，包括功率外环和电流内环。图中 P_{gref}，Q_{gref}分别为电网侧变流器功率外环无功功率参考指令和转子转速参考指令；i_{gdref}和 i_{gqref}为电网侧变流器电流内环 d 轴和 q 轴电流参考指令。功率外环跟踪电网侧有功无功，功率偏差经 PI 调节后，产生 d 轴和 q 轴电流参考值。电流内环采用前馈解耦控制，提供 PWM 触发信号。无功外环控制变流器与电网之间的无功功率交换，正常运行时，无功参考设置为零。同时，可根据系统不同的无功需求，另行设置无功参考值。

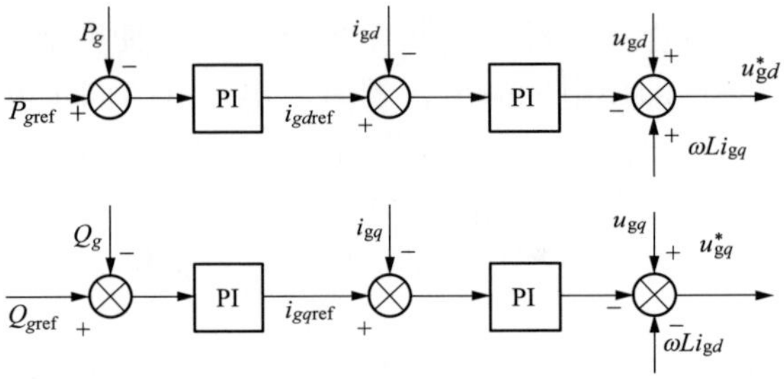

图 6-14　电网侧变流器的矢量控制框图

（3）储能系统控制策略。本文选取超级电容器作为储能元件，采用如图 6-15 所示的 Buck-boost 双向 DC/DC 变流器控制能量双向流动，以保持直流电压恒定。

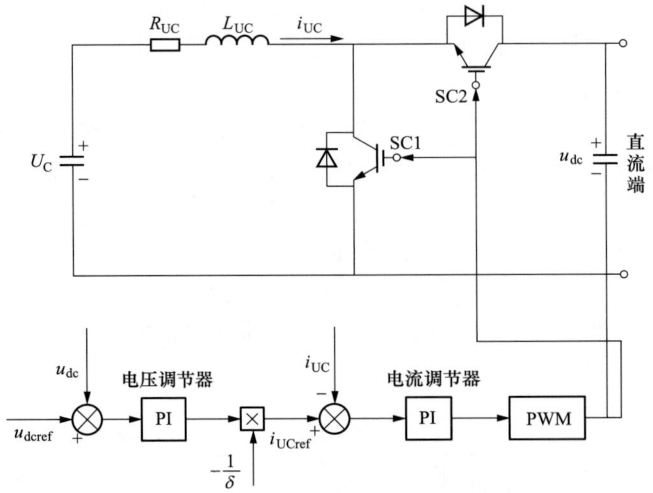

图 6-15　Buck-boost 双向 DC/DC 变流器控制框图

控制策略采用电压电流双闭环控制，电压外环跟踪直流母线电压，其与直流电压给定值偏差经过 PI 调节器产生直流母线电流控制信号。根据变换器占空比和功率守恒原理，得到 UC 超级电容器充放电电流控制指令，经过电流内环 PI 调节后的电流输出信号经 PWM 调制后产生直流变换器开关元件 SC1 和 SC2 的互补控制信号。通过控制 SC1 和 SC2 的交替开断实现 UC 系统的吸收或释放能量。当 SC1 开通，SC2 关断时，DC/DC 变换器处于降压

BUCk 工作状态，超级电容器吸收系统中冗余（过剩）功率保持直流电压恒定；当 SC1 关断，SC2 开通时，DC/DC 变换器处于升压 Boost 工作状态，超级电容器向变流器释放能量维持直流电压恒定。

（4）桨距角控制。正常运行模式下，发电机采取 MPPT 运行模式，由风机转速和桨距角实现最大风功率跟踪。当系统无功需求增大时，变流器优先提供无功支持，变流器与电网侧间的有功传输受到限制，由式和式可知，当储能系统容量充足时，通过控制储能系统释放能量使电网侧与发电机侧功率平衡，即可维持系统稳定运行；当储能系统容量不足时，系统中的不平衡功率无法由储能系统释放能量来平衡，危及变流器的正常运行，因此，需要减小发电机侧功率输出，即减小发电机风功率输出。桨距角控制框图，如图 6-16 所示。由图 6-16 可知，适当增大桨距角后，风机转速偏离最优转速，风能利用系数减小，风功率输出减小，从而减少了发电机侧的有功功率。本书提出如图 6-16 所示的桨距角控制以适应系统不同功率需求。

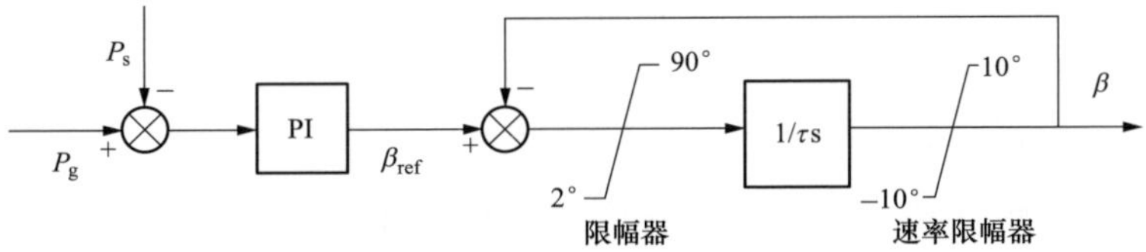

图 6-16 桨距角控制框图

通过储能系统和全功率变流器的协调控制，当系统无功需求变化时，可通过控制储能系统或桨距角实现变流器两侧功率平衡，以维持直流链节恒定，电网侧变流器则采用功率外环跟踪控制，优先满足系统无功功率需求，从而提高了系统无功输出能力。

6.5 现场测试案例

6.5.1 储能与新能源电站的主动控制性能测试技术及测试结果

辽宁某风电场液流电池储能示范电站建成于 2012 年底，49.5MW 风电场按 10%比例配置 5MW 储能系统，容量为 5MW×2h。该套储能系统包括储能装置［电池系统和电池能量管理系统（BMS)］、电网接入系统（能量转换系统，包括变压器)、中央控制系统、风功率预测系统、能量管理系统、电网自动调度接口、环境控制单元等部分。储能电站建设在风电场升压站内，某风电场液流电池储能系统一次接线，如图 6-17 所示[29]。

储能系统采用全钒液流电池，由 15 个 352kW×2h 全钒液流电池单元系统组成，每个 352kW×2h 全钒液流电池单元系统由 2 个 176kW×2h 全钒液流电池系统组成。单个 176kW×2h 全钒液流电池系统包括 1 个正极电解液储罐、1 个负极电解液储罐、8 个电池模块（每个电池模块的功率为 22kW，8 个电池模块 4 串 2 并），每个 176kW×2h 电池系统在液体管路上各自独立，在电路上实现耦合连接。

基于储能电站上层能量管理系统可实现包括平滑风电功率输出、跟踪发电计划功率及暂态有功功率紧急响应等功能，电池储能电站实际运行曲线，如图 6-18 所示。

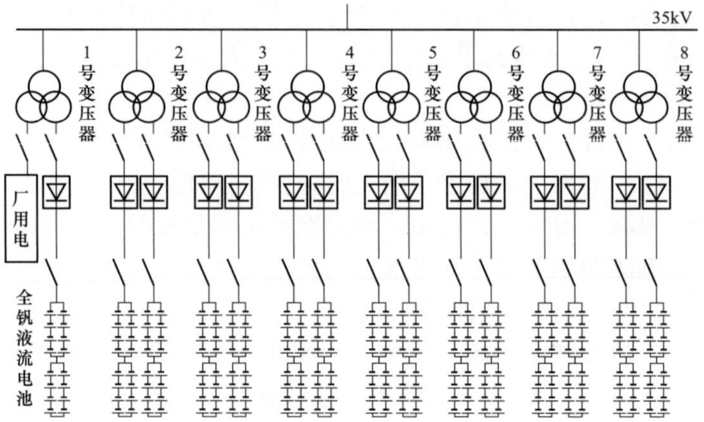

图 6-17　某风电场液流电池储能系统一次接线

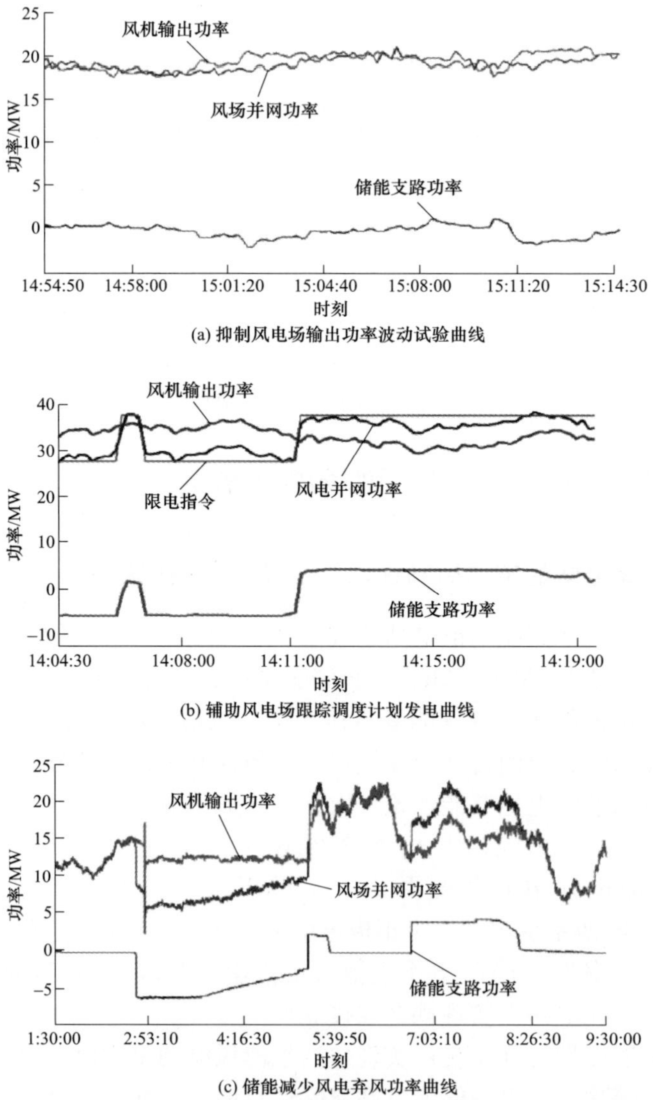

图 6-18　电池储能电站实际运行曲线

由图 6-18（a）可看出，加入电池储能系统后可使风电并网功率的分钟级最大有功功率变化量减小。由图 6-18（b）可看出，加入电池储能系统后，风电并网功率可较好地跟踪调度的限电功率指令，提高风电跟踪计划功率能力。跟踪计划功率的最大跟踪误差为 3.812MW。由图 6-18（c）可看出，在 2：42：00～5：12：10 的负荷用电低谷期间，电池储能系统存储大量电能；在 6：40：00～9：27：30 的负荷用电高峰时期，将电池储能系统存储的电能释放，起到了减小风电弃风、提高风电小时利用率的目的。

通过全钒液流储能系统的配合运行，减少了风电功率波动给电网稳定运行带来的冲击，从而提高了电网接纳可再生能源能力及风电站的运行水平，也为电池储能技术在电网中更为广泛的应用打下了坚实的基础。

6.5.2 试点运行与应用效果

1. 国家风光储输示范工程

国家风光储输示范工程是以“电网友好型”新能源发电为目标，是目前世界上规模最大，且集风电、光伏发电、储能及输电工程四位一体的可再生能源综合示范工程[30]。其中，一期工程建设风电 98.5MW、光伏发电 40MW 和储能装置 20MW（包括 14MW/63MW·h 锂离子电池和 2MW/8MW·h 全钒液流电池），并配套建设 220kV 智能变电站一座。通过大规模储能电站监控系统实现了对多种储能设备的协调控制和能量管理，具备平抑可再生电源功率波动、辅助可再生电源按计划曲线功率及调峰填谷等各项功能。国家风光储输示范工程全景，如图 6-19 所示。

图 6-19 国家风光储输示范工程全景

国家风光储输示范工程地处风、光资源丰富的张家口市坝上地区，是国家批复的 8 个千万千瓦级风电基地之一。当地负荷量较小，必须通过高电压、远距离输电送至京津唐电网负荷中心，具备我国新能源大规模开发利用的基本特征，在破解电网接纳大规模新能源技术难题上具有典型性和代表性。依托“国家风光储输示范工程”，突破我国新能源规模化发展的技术瓶颈，攻克风光储联合发电系统在设计集成、容量配比、监测控制、源网协调、功率预测和规模化储能中的关键技术，提高新能源发电质量和电网接纳能力，实现源网友好互动。

国家风光储输示范工程储能电站（一期）设计总装机容量为 20MW，总储存电量

95MW·h，目前已安装磷酸铁锂储能装置 14MW（共 63MW·h）和液流储能装置 2MW（8MW·h）。通过大规模电池储能电站监控系统实现了数十兆瓦级多类型电池储能电站的系统集成、统一调度及工程应用，解决了电池储能电站协调控制及能量管理关键问题，实现了平滑风光功率输出、跟踪计划发电、参与系统调频、削峰填谷等高级应用功能，提高了风/光伏电站发电的可预测性、可控性及可调度性。国家风光储输示范工程电池储能系统实际结构，如图 6-20 所示。

(a) 锂离子电池储能系统

(b) 液流电池储能系统

图 6-20　国家风光储输示范工程电池储能系统实际结构

基于储能电站的上层能量管理策略可实现风光储功率互补，从而达到风光储联合功率波动率满足小于 7%的系统设计目标，跟踪发电计划满足误差小于 3%的系统设计目标。国家风光储输示范工程监控界面，如图 6-21 所示。

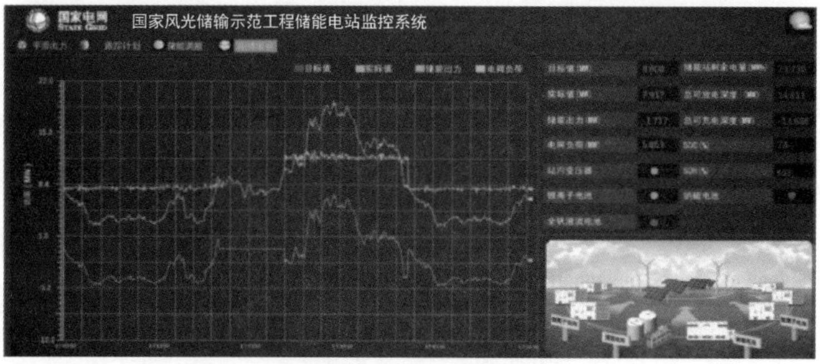

图 6-21　国家风光储输示范工程监控界面

2. 深圳宝清电池储能电站示范工程

中国南方电网于 2009 年 11 月建成并投运了一座调峰调频锂离子电池储能电站——深圳

宝清电池储能电站[31]。该储能电站工程规模为4MW/16MW·h，并于2011年1月成功并网运行，可实现配电网侧削峰填谷、调频、调压、孤岛运行等多种电网应用功能。

该储能电站以500kW/2MW·h储能分系统为基本单元，共分为8个500kW储能分系统，全站共安装磷酸铁锂电池34 560只。为实现大容量数据监控，储能电站采用基于电动控制的通信网络及系统-第7-420部分：基本通信结构-分布式能源逻辑网点IEC 61850-7-420的信息模型和监控系统，可实时监控和处理超过60万信息点。从2011年1月首个储能分系统并网运行到2012年6月30日，储能电站削峰填谷发电量5060MW·h，充电量5920MW·h，储能系统综合效率约为85.5%（含站用电），累计实施削峰4980次，填谷3120次。

3. 福建安溪移动式储能电站

福建省安溪茶乡感德镇地处安溪的西北部，是安溪闻名遐迩的名茶铁观音的三大主产区。感德镇用电负荷主要为制茶叶及居民用电，季节性用电负荷突出，电网最高负荷均出现在茶叶制作高峰期。近年来，随着茶产业的迅猛发展，制茶户配套有9～15kW的三相制茶机械及空气调节设备逐年增加，在长达数月的制茶时段里，所有机械同时运转，用电负荷可达到平时的8～12倍，使感德镇的尖峰负荷逐年大幅增加。但是同时，10kV及以下配电网新建和改造无法同步，导致制茶季节区域局部配电网和台区出现低电压现象。在非制茶季节，所有机械停用，用电又仅为照明用电，变压器几近空载运行。

针对上述季节性负荷突出的用电需求，2012年国网福建省电力有限公司电力科学研究院牵头实施完成了移动式储能电站的示范工程，在采茶季节应对高峰用电期间发挥作用。125kW/250kW·h移动式储能装置由2个电池柜、1台125kW双向变流器含变压器（PCS）、一套监控系统和一套UPS电源组成；125kW/500kW·h移动式储能电站由4个电池柜、1台125kW PCS、一套监控系统和一套UPS电源组成。移动式储能装置在用电低谷时由电网向电池组充电，用电高峰期时电池组放电回馈电网，对电网进行局部削峰调谷，均衡用电负荷。

通过该工程项目实施，福建省安溪农网试点配电台区供电能力提高40%以上，有效提高电能利用效率，提高了配电网末端供电能力，有效缓解了安溪制茶用电尖锋负荷。

4. 福建湄洲岛储能电站示范工程

福建省莆田市湄洲岛现由岛外两回10kV馈线供电，常会发生海缆遭受破坏的情况，供电能力缺乏。同时，湄洲岛每年都有几次重要的保供电任务，每次保供电压力巨大。在大电网遇到故障停电时，储能系统通过无缝切换使配电网末端形成一个独立运行的微电网，可降低线路跳闸对配电网用户的影响；针对配电网存在的末端线损、负荷高时压降大的问题，储能系统通过控制分时段充放电减少负荷运行时产生的线损问题；采用储能系统也能为配电网末端的分布式发电，如风电、太阳能等提供电压支撑，更好地发挥微电网内分布式电源的作用；储能系统能同时提供有功功率和无功功率支撑，稳定电网末端节点电压水平，提高配电变压器运行效率，增强配电网对新能源及分布式电源的接纳能力，并可在电网故障或检修时提供应急电源，是提高典型配电网末端供电能力和供电可靠性的有效技术手段。

针对电网发展和建设中面临的迫切需求，福建省湄洲岛储能电站项目开展了电池储能系统提高典型电网末端供电能力研究，从电网运行角度充分发挥了储能系统的削峰填谷和备用电源的作用，提高了输配电设备的利用率和供电效率。福建省湄洲岛建成1MW/2MW·h

电池储能系统进行示范应用，用于改善岛内供电可靠性。电池储能系统集成方案：为总体规模 1MW/2MW·h 磷酸铁锂电池储能系统，包括两套 500kW/1MW·h 储能系统，每套子系统包括总控柜 1 台，150kW·电池柜 7 台，每台电池柜中包含 20 个电池包，每个电池包中包含 36 块 66A·h 单体电池，单体电池以 3 并 12 串的方式组合。

参 考 文 献

[1] 张丽英，叶廷路，辛耀中，等．大规模风电接入电网的相关问题及措施［J］．中国电机工程学报，2015，39（6）：1-9.

[2] 康重庆，姚良忠．高比例可再生能源电力系统的关键科学问题与理论研究框架［J］．电力系统自动化，2017，41（9）：2-11.

[3] 耿华，许德伟，吴斌，等．永磁直驱变速风电系统的控制及稳定性分析［J］．中国电机工程学报，2009，29（33）：68-75.

[4] 吴麒，王诗宓，杜继宏，等．自动控制原理［M］．清华大学出版社，2006.8.

[5] 杜波，刘文颖，汪宁渤，等．基于灵敏度方法的大规模风电接入区域电压优化控制［J］．电力科学与工程，2012，28（8）：13-17.

[6] 黄松柏，等．考虑风电机无功调节能力的配电网有功/无功联合调度［J］．电力自动化设备，2017，37（2）：44-49.

[7] 周婷婷．电池储能应用于大规模风电并网系统辅助调频的需求评估［M］．湖南大学，2016.

[8] 梁亮，李建林，惠东．大型风电场用储能装置容量的优化配置［J］．高电压技术，2011，37（4）：930-936.

[9] 崔杨，彭龙，仲悟之，等．双馈型风电场群无功分层协调控制策略［J］．中国电机工程学报，2015，35（17）：4300-4307.

[10] 栗然，唐凡，刘英培，等．双馈风电场新型无功补偿与电压控制方案［J］．中国电机工程学报，2012，32（19）：16-23.

[11] 徐熙林，宋依群．市场环境下区域电网调峰的直调机组网际出力优化配置研究［J］．电力系统保护与控制，2017，V45（23）：49-56.

[12] 冯红霞，梁军，张峰，等．考虑调度计划和运行经济性的风电场储能容量优化计算［J］．电力系统自动化，2013，37（1）：90-95.

[13] 刘巨．利用储能提升含风电并网电力系统稳定性的研究［D］．华中科技大学，2016.

[14] 谢宁，罗安，陈燕东，等．大型光伏电站动态建模及谐波特性分析［J］．中国电机工程学报，2013，33（36）：10-17.

[15] 张野，郭力，贾宏杰，等．基于电池荷电状态和可变滤波时间常数的储能控制方法［J］．电力系统自动化，2012，36（6）：34-38.

[16] 丁明，吴建锋，朱承治，等．具备荷电状态调节功能的储能系统实时平滑控制策略［J］．中国电机工程学报，2013，33（1：22-29.

[17] 刘怀远，徐殿国，武健，等．并网换流器系统谐振的分析、检测与消除［J］．中国电机工程学报，2016，34（4）：1061-1074.

[18] 朱晓荣，蔡杰，王毅，等．风储直流微网虚拟惯性控制技术［J］．中国电机工程学报．2016，36（1）：49-58.

[19] 姚骏，赵磊，刘奥林，等．基于模糊比例-微分控制的永磁直驱风电机组频率调节［J］．电网技术，2014，38（11）：3095-3102.

[20] 王皓怀，汤涌，侯俊贤，等．提高互联电网暂态稳定性的大规模电池储能系统并网控制策略及应用［J］．电网技术，2013，37（2）：41-45.

[21] 高明杰，惠东，高宗和，等．国家风光储输示范工程介绍及其典型运行模式分析［J］．电力系统自动

化，2013，37（1）：59-64.

[22] 陆志刚，王科，刘怡，等．深圳宝清锂电池储能电站关键技术及系统成套设计方法［J］．电力系统自动化，2013，37（1）：65-70.

[23] 杨硕，王伟胜，刘纯，等．双馈风电场无功电压协调控制策略［J］．电力系统自动化，2013，37（12）：1-6.

[24] 李先奇．变速风电机组风电场并网系统电压稳定性研究［D］．武汉：华中科技大学，2008.

[25] 李立成，叶林．变风速下永磁直驱风电机组频率-转速协调控制策略［J］．电力系统自动化，2011，35（17）：26-31.

[26] 王丹，刘崇茹，李庚银．永磁直驱风电机组故障穿越优化控制策略研究［J］．电力系统保护与控制，2015，43（24）：83-89.

[27] 向如意，杨金明，王林，等．基于小信号模型的永磁直驱风电系统特征值灵敏度分析［J］．电网与清洁能源，2015，31（5）：94-101.

[28] 蒋文韬，付立军，王刚，等．直驱永磁风电机组虚拟惯量控制对系统小干扰稳定性影响分析［J］．电力系统保护与控制，2015，43（11）：33-40.

[29] 刘增，刘仅军．带变流器负载的三相交流电源系统稳定性判据的研究［J］．中国电机工程学报，2012，32（25）：143-148.

[30] 牟晓明．电力系统戴维南等值参数解析及电压薄弱性研究［D］．哈尔滨，哈尔滨工业大学，2012.

[31] 高仕红，毛承雄，王丹，等．双馈风力发电系统 DC-link 电压振荡抑制策略［J］．电力系统及其自动化学报，2018，30（8）：7-12.

[32] 黄守道，王佳蕊，荣飞，等．串并联型风电场机组的过电压协调控制［J］．电力系统及其自动化学报，2018（6）：60-72.

[33] 谭谨，王晓茹，李龙源．含大规模风电的电力系统小扰动稳定研究综述［J］．电力系统保护与控制，2014（3）：15-23.

[34] 刘世林，文劲宇，孙海顺等．风电并网中的储能技术研究进展［J］．电力系统保护与控制（Power System Protection and Control），2013（23）：145-153.

[35] W. Wu，Y. Liu，Y. He，H. S. h. Chung，M. Liserre，F. Blaabjerg，Damping Methods of Resonances Caused by LCL-Filter-Based Current-Controlled Grid-tied Power Inverters：an Overview［J］. IEEE Trans. on Ind. Electron.，64（9）：7402-7413.

[36] 段贵钟，秦文萍，逯瑞鹏，等．考虑风电接入与负荷不确定性的静态电压稳定性分析［J］．电力系统保护与控制，2018，46（12）：108-114.

[37] 付学谦，陈皓勇，刘国特，等．分布式电源电能质量综合评估方法［J］．中国电机工程学报，2014，34（25）：4270-4276.

[38] 周依希，李晓明，瞿合祚．基于反熵-AHP 二次规划组合赋权法的电网节点综合脆弱性评估［J］．电力自动化设备，2019，39（7）：133-140.

[39] Shuai Z，Li Y，Shen J，et al. Application of singular value sensitivity on harmonic resonance analysis for inverter-based power systems［C］//Energy Conversion Congress and Exposition（ECCE），2017 IEEE. IEEE，2017：2969-2974.

[40] 王中，孙元章，李国杰，等．双馈风力发电机定子电流谐波分析［J］．电力自动化设备，2010，30（6）：1-5.

[41] 万利科，杨文焕，闫爱文，等．基于双馈风力发电机变流器的谐波分析［J］．电机与控制应用，2011，38（8）：31-35.